Horst Hintersdorf

Typenkompass Traktoren und Landmaschinen

DDR-Importe aus den RGW-Staaten

Typen
kompass

Horst Hintersdorf

Traktoren und Landmaschinen

DDR-Importe aus den RGW-Staaten

Motor
buch
Verlag

Einbandgestaltung: Dos Luis Santos

Titelbilder: Archiv Horst Hintersdorf

Bildnachweis: alle Bilder Archiv Horst Hintersdorf

ISBN: 978-3-613-02646-9
ISBN: 3-613-02646-5

1. Auflage 2006

Sie finden uns im Internet unter
www.motorbuch-verlag.de

Lektorat: Martin Gollnick
Innengestaltung: Bernd Peter
Reproduktionen: digi Bild reinhardt, 73037 Göppingen
Druck und Bindung: Henkel GmbH, 70435 Stuttgart
Printed in Germany

Inhalt

Vorwort

Mit dem vorliegenden Band »DDR-Traktoren und Landmaschinen – Importe aus den RGW-Staaten« soll ein Überblick gegeben werden über den Einsatz dieser aus den »sozialistischen Bruderländern« stammenden Technik in den LPGs (Landwirtschaftlichen Produktionsgenossenschaften), ihren letzten Erscheinungsformen, den AIVs (Agrar-Industrie-Vereinigungen), den VEGs (Volkseigenen Gütern) und den Nebenbereichen der eigentlichen Landwirtschaft wie den GPGs (Gärtnerischen Produktionsgenossenschaften), ZBOs (Zwischengenossenschaftlichen Bauorganisationen), ACZ (Agrochemischen Zentren) und den Meliorationsgenossenschaften.
Darüber hinaus sollen Aussagen zu solchen Maschinen gemacht werden, die, zumindest in der ersten Periode der Mechanisierung der Landwirtschaft in der DDR, als Lizenznahmen mit zum Teil konstruktiven Veränderungen in den sich entwickelnden Industriebetrieben der DDR entstanden.
Diese Zusammenstellung soll keine nostalgische Reminiszenz an eine vergangene politische Epoche in der Geschichte Deutschlands sein, sondern als ein technisch-historischer Beitrag zur Landtechnikgeschichte in diesem Zeitraum verstanden werden.
Bei der Anführung von Staatsnamen und den damit verbundenen Typen- und Werksbezeichnungen habe ich nach reiflicher Überlegung der Beibehaltung der zeittypischen Schreibweise den Vorzug gegeben, auch aus der Überlegung heraus, dem Leser, der sich mit landtechnischer Originalliteratur der DDR befasst, eine schlüssige Verbindung zu geben.
Die Vorstellung und Besprechung der Maschinen erhebt keinen Anspruch auf Vollständigkeit. Den größten Teil nehmen die Traktoren ein. Bei den Landmaschinen wurden Exponate ausgewählt, die, wie schon dargelegt, als Vorlagen für Nachbauten dienten oder hinsichtlich ihrer Eigenart bemerkenswert waren bzw. den RGW-Integrationsprozess aufzeigen.

Um den Text in den einzelnen Abschnitten durch die Erläuterung bestimmter Termini nicht unnötig zu erweitern, wurde ein Anhang erstellt. Der Leser wird um Verzeihung gebeten, wenn trotzdem einmal der ein oder andere Begriff auftauchen sollte, der nicht von vornherein ganz klar verständlich ist und den näher zu erklären der Autor versäumt haben sollte.
Das ausgewertete umfangreiche Material gab nicht immer ausreichend Auskunft zu solch durchaus interessanten Themenbereichen und Fakten wie Herstellerbetrieb, Beginn der Produktionsaufnahme, Produktionseinstellung, hergestellte Stückzahlen usw. Solche Lücken konnten angesichts der Komplexität des Themas nicht immer mit dem eigenen Wissen und/oder mit Literaturrecherchen ausgeglichen werden. Dieser oder jener Leser wird auch abweichende Angaben im technischen Bereich oder bei den allgemeinen Aussagen kennen. Das ist mit bedingt dadurch, dass es dem Hersteller vorbehalten blieb, im Rahmen der konstruktiven Weiterentwicklung seiner Produkte Veränderungen einzuführen, die sich dann in einer veränderten oder erweiterten Typenbezeichnung niederschlugen.
Diese Entwicklungen bis in die letzten Einzelheiten nachzuvollziehen war dem Autor aufgrund fehlender Detailinformationen bis dato nicht möglich. Ihre Darstellung allerdings hätte ohnehin in diesem Bändchen keinen Platz mehr gefunden. Der Autor würde es aber begrüßen, wenn ihm dazu Fakten unterbreitet werden könnten.
Dank gilt den Herren Uwe Siemer, Rastede, und Wolfgang Gebhardt, Bad Homburg, in deren Archiven ich seit Jahren stöbern konnte. Bedanken möchte ich mich aber auch bei denen, die mir in Gesprächen oder schriftlichen Zuarbeitungen mit ihrem Wissen von der zurückliegenden Zeit wertvolle Informationen gegeben haben.

Horst Hintersdorf, im Sommer 2006

Zum Traktorenbau in der UdSSR

Die UdSSR (Union der sozialistischen Sowjetrepubliken) wurde umgangssprachlich allgemein als Sowjetunion (SU) bezeichnet. Dieser Kurzbezeichnung wird im Weiteren deshalb der Vorzug gegeben.
Im zaristischen Russland gab es keinen Traktorenbau. Der Bau von Landmaschinen bewegte sich auf unterstem Niveau im Bereich des Manufakturwesens. Holzbaukonstruktionen mit Eisenbeschlägen bestimmten das Bild. Autodidakten wie Blinow (Bau eines Kettentraktors mit Dampfantrieb) und Mamin (eine Radschlepperkonstruktion) fanden keine Unterstützung bei den Großgrundbesitzern: Die menschliche Arbeitskraft war billiger. Tatsächlich durchgeführte Importe wie zum Beispiel von Dampfpflügen (siehe Max Eyth, »Hinter Pflug und Schraubstock«) waren gering. Zu Ende des Ersten Weltkrieges wurde ein Traktorenbestand von 1183 Stück ausgewiesen.
Nach der Oktoberrevolution 1917 wurden im Petrograder Werk »Bolschewik« erste Traktoren nach dem Vorbild amerikanischer Holt-Traktoren nachgebaut. Es waren Einzelstücke.
Die Zeit bis etwa 1931 war gekennzeichnet dadurch, dass einige Maschinenbaubetriebe eigenständige Konstruktionen herausbrachten. In der Mehrheit wurde aber der Traktorenbestand durch Importe aus allen seinerzeit Traktoren produzierenden Ländern, allen voran aus den USA, erhöht.
Das war eine Angelegenheit in beiderseitigem Interesse: Die Herstellerländer wollte neue Absatzmärkte erschließen, die SU wollte möglichst rasch die Mechanisierung vorantreiben und, und das ist wohl ein entscheidender Faktor gewesen, den Stand des Traktorenbaus studieren, um ihn für den Aufbau einer eigenen Traktorenindustrie auszuwerten.
So wurde beispielsweise 1927 in Persojalob bei Nowotscherkask ein internationaler Traktorenvergleich durchgeführt, an dem 28 Traktorentypen (5 russische, 23 ausländische) teilnahmen.

Die entscheidende Epoche des sowjetischen Traktorenbaus begann Anfang der 30er Jahre des 20. Jahrhunderts mit dem Bau von Traktorenwerken (vorrangig mit amerikanischer Hilfe) in Stalingrad (vorher Zarizyn, nach der Stalinära Wolgograd), Produktionsstart 1930 mit dem Nachbau des amerikanischen Radschleppers »International 15/30« unter der Bezeichnung »STS« (Stalingrader Traktorenwerk), in Charkow, Produktionsstart 1931 mit gleicher Type unter der Bezeichnung ChTS (Charkower Traktorenwerk), in Tscheljabinsk (während des Zweiten Weltkrieges wegen des ausschließlichen Panzerbaus auch landläufig »Tankograd« genannt), Produktionsstart 1933, Werkskürzel TschTS (Tscheljabinsker Traktorenwerk) mit einem Kettenschlepper mit der Bezeichnung S-60 (ebenfalls amerikanisches Vorbild, Caterpillar Sixty) und dem Aufbau einer Traktorenabteilung in den Putilow-Werken (später Kirow-Werk) in Petersburg (Leningrad) mit einem Fordson-Nachbau (Fordson-Putilow) FP.
Der Zweite Weltkrieg störte nachhaltig die sowjetische Traktorenproduktion. Sie kam in den Städten Stalingrad, Charkow und Leningrad nach vorheriger Aus- bzw. Umlagerung in Gebiete des Fernen Ostens, woraus dann später eigenständige Werke entstanden, ganz zum Erliegen.
Sofort nach der Befreiung der Städte wurde mit der Beseitigung der Kriegsschäden begonnen und der Traktorenbau wiederbelebt. Zu den ehemaligen ursprünglichen Fertigungsstätten und den durch Umlagerung entstandenen kam 1946 das Minsker Traktorenwerk (MTS, später auch mit MTZ bezeichnet, siehe dazu Anhang) hinzu, das sich rasch zum größten Traktorenproduzenten der Welt entwickelte.
Insgesamt gab es am Ende der UdSSR etwa 25 namhafte Traktorenwerke mit einer Fertigungsbreite von 6,5 PS bis 800 PS. Die Zeit nach der UdSSR ging an den Werken natürlich nicht spurlos vorüber, aber das ist eine Geschichte, die auf einem anderen Blatt zu schreiben ist.

Damit fing es an

ADN-Bericht in der Zeitung »Thüringer Volk« vom 1.3.49: »Wie wir erfahren haben, sind die 1000 Traktoren, die die Sowjetunion in die Ostzone liefert, entsprechend den Bedürfnissen der Ostzone ausgewählt. Aus diesem Grunde werden verschiedene Typen Traktoren geliefert, die sämtlich der verschiedenenartigen Bodenbeschaffenheit der Zone Rechnung tragen und über Eigenschaften verfügen, die besonders günstig für die kleinen Bauernwirtschaften (Anmerkung des Autors: man beachte die Aussage »kleine Bauernwirtschaften«) auswirken. Es handelt sich bei diesen Traktoren um die modernsten Typen, die gegenwärtig in der Sowjetunion produziert werden. Sie zeichnen sich durch besonders große Wendigkeit und sparsamen Verbrauch an Kraftstoffen aus.«

Am 1.4.1949 ist dann im »Thüringer Volk« zu lesen: »Die ersten Lkw aus der SU sind eingetroffen, tadelloser Zustand, bestes Material, siebenfache Bereifung.«

Weiter dazu am 2.41949: »Der Leiter des Landmaschinenhofes Thüringen stellte fest, dass die Fahrzeuge aus erstklassigen Material hergestellt sind.«

Die Einfuhr erfolgte über den Grenzbahnhof Frankfurt/Oder. Die Ankünfte der Traktoren, Lkw und verschiedenen Landmaschinen auf den Zielbahnhöfen und ihre Überführung zu den Einsatzorten wurden zu (verordneten) Volksfesten gestaltet.

Geliefert wurden seinerzeit 506 Stück »Universal U-2«, 246 Stück Kettentraktoren KD-35 und 248 Stück Kettentraktoren »ASChTS-NATI«. Dazu kamen 540 Lkw des Typs »SIS-150« und des Typs »GAS-51« sowie diverse Pflüge und andere Anhängegeräte zur Bodenbearbeitung.

Die Aufteilung der Traktoren auf die Länder war wie folgt: Brandenburg 400 Stück, Sachsen-Anhalt 200 Stück, Mecklenburg 300 Stück, Thüringen und Sachsen je 50 Stück. Von den Lkw erhielten: Brandenburg 50 »SIS-150« und 50 »GAS-51«, Mecklenburg 62 »SIS-150« und 62 »GAS-51«, Sachsen 45 »SIS-150« und 45 »GAS-51«, Sachsen-Anhalt 79 »SIS-150« und 33 »GAS-51«, Thüringen 34 »SIS-150« und 33 »GAS-51«.

Jugend voran beim Empfang der sowjetischen Traktoren.

Thüringer Volk

THÜRINGER LANDESZEITUNG DER SOZIALISTISCHEN EINHEITSPARTEI DEUTSCHLANDS

Nummer 47 (4. Jahrg.) · Weimar, Freitag, 25. Februar 1949 · Preis 15 Pfennig

Neubauer!

Arbeite selbst mit an der Erstellung deines Gehöftes und trage dadurch zur Herabsetzung der Baukosten bei

Du schaffst dir dein eigenes Haus!

Ein neuer Beweis der Friedensbereitschaft

Sowjetunion liefert 1000 Traktoren

Heinrich Rau, Vorsitzender der DWK, über die Lieferung von Traktoren und Lastwagen aus der Sowjetunion

Der Rotarmist als Freund und Helfer durfte nicht fehlen.

Der »SIS-150« war ein 4-Tonnen-Lkw, der »GAS-51« ein 2,5-Tonner. Eine spezifizierte Aufteilung der Traktoren nach Typen und Ländern konnte nicht aufgefunden werden.

An dieser Stelle sei aber auch noch auf eine andere Entwicklung kurz eingegangen. Es war nicht nur der »materielle Import« aus der Sowjetunion, der jahrzehntelang das Leben in der DDR bestimmte. Die enge politische Bindung an die SU machte sich auch auf anderen Gebieten bemerkbar. Man kann es als »Russizismus« bezeichnen, der sich im Sprachgebrauch, hier nur auf das Gebiet Landwirtschaft/Landtechnik bezogen, breit machte. Aus dem Schlepperfahrer/Schlepperführer wurde der Traktorist, der später zum »Mechanisator« avancierte. Beide Berufsbezeichnungen wurden durch eine Lehrausbildung erworben. Groß ins Rennen kam der »Dispatcher«, ein englisch/amerikanisch anmutendes Wort, das wahrscheinlich aus der

Das ganze Dorf Gangloffsömmern war auf den Beinen, um die Ankunft der Traktoren (hier Universal U-2) mitzuerleben.

Aufbautätigkeit bei den Traktorenwerken Anfang der 30er Jahre mit ins Russische übernommen wurde.

In der Sach- und Fachliteratur beherrschten russische Autorennamen wie Mitschurin, Wiljams, Portnow, Lwow, Krutikow, Inosemenzew, um nur einige zu nennen, die Bücherwelt. »Von der Sowjetunion lernen heißt siegen lernen«, war die Devise. Wer in dieser Zeit keine Möglichkeit hatte, durch eine exponierte Stellung oder über andere Beziehungen an Fachliteratur heranzukommen, war nicht gerade gut dran und musste oder konnte das glauben, was er zu lesen bekam.

Damit soll nicht ausgesagt werden, dass sowjetische Fachleute nicht Bedeutendes zu sagen gehabt hätten. Es fehlte aber eben das Wissen aus der westlichen Welt, um Vergleiche und Schlussfolgerungen zu ziehen.

Universal U-2

Der U-2 wurde zuerst in den Putilow-Werken nach dem Vorbild des amerikanischen Farmall F 12 G produziert. Eine Produktionsverlagerung erfolgte 1944 nach Wladimir. Die Fahrer konnten sich mit den Besonderheiten des Petroleummotors nicht recht anfreunden. Es gab viele Ausfälle.
Der Motor wurde mit Benzin durch Handanwurf gestartet und nach Warmlauf auf 80 bis 90

Grad Kühlwassertemperatur (keine Anzeige) auf Petroleum umgeschaltet. Diese Temperatur musste während des gesamten Betriebes gehalten werden, da sonst unverbranntes Petroleum zur Schmierölverdünnung mit Ausfall der Pleuellager führte. Die Pleuellager wurden nach dem Prinzip der Tauchschmierung mit Öl versorgt. Die geringe Betriebszuverlässigkeit war der Grund, dass der U-2 als einer der ersten aus der Traktorenlieferung 1949 ausgesondert und auch verschrottet wurde.

Fahrzeugart	Radschlepper, Rahmenbauweise
Hersteller	Traktorenwerk Wladimir
1. Baujahr, Bauzeit	1934[1]
Motorenhersteller	Traktorenwerk Wladimir
Motorenbauart	Vierzylinder-Viertakt-Petroleummotor[2]
Motorenbezeichnung	Universal
Bohrung x Hub (mm)	95 x 127
Hubraum (ccm)	3600
Leistung (PS/kW / U/min)	22/16,2 / 1200
Antrieb	Hinterachsantrieb
Getriebe	3-Gang mechanisch[3]
Fahrgeschwindigk. (km/h)	3,5 bis 7,2 vorw., 4,4 rückw.
Reifen vorn	Eisenräder mit Spurkranz
Reifen hinten	Eisenräder mit Dachgreifern
Spur v/h (mm)	1390/1340
Radstand (mm)	2108
Riemenscheibe (Ø mm, U/min)	hinten, 369, 700
Hydraulik	nicht bei den 1949 gelieferten Schleppern
L x B x H (mm)	3405 x 1645 x 1669
Masse (kg)	2065

[1] Hergestellt zunächst im Putilow-Werk Leningrad, Produktion während des Krieges umgelagert nach Wladimir
[2] Reihe, Wasserkühlung
[3] Schieberadgetriebe, 3 Gänge vorwärts, 1 Gang rückwärts

Links: Radtraktor Universal U-2.

Links oben: Firmenzeichen des Traktorenwerkes Wladimir.

ChTS-7

Der Schlepper ChTS-7 war in erster Linie vorgesehen für Pflegearbeiten (auch in Baumplantagen, die Bodenfreiheit konnte deshalb von 520 mm auf 313 mm verändert werden), aber ebenso für leichte Bestell-, Ernte- und Transportarbeiten. Der Sitz und die Lenkeinrichtung waren für die Rückwärtsfahrt um 180° schwenkbar.

Fahrzeugart	Radschlepper, Blockbauweise
Hersteller	Traktorenwerk Charkow
1. Baujahr, Bauzeit	1950 bis 1955
Motorenhersteller	wie Schlepper
Motorenbauart	Zweizylinder-Viertakt-Ottomotor[1]
Motorenbezeichnung	ChTS-7
Bohrung x Hub (mm)	82 x 125
Hubraum (ccm)	1320
Leistung (PS/kW / U/min)	12/8,8 / 1600
Antrieb	Hinterradantrieb
Getriebe	mechanisches Schaltgetriebe[2]
Fahrgeschwindigk. (km/h)	(0,71), 4,04 bis 12,73
Reifen vorn	4.00 x 16
Reifen hinten	8.00 x 32
Spur v/h (mm)	1000-1500 / 1000-1500[3]
Radstand (mm)	1650
Bremsen	Einzel-Hinterradbremse
Riemenscheibe (Ø mm, U/min)	300, 914, hinten
Zapfwelle (U/min)	545[4]
Hydraulik	Dreipunkt-Kraftheber
L x B x H (mm)	2550 x 1240 x 1264
Masse (kg)	1302

[1] Reihe, Wasserkühlung, Handanlassung
[2] 4 Gänge, ein Kriechgang, reversierbar. Kriechgang durfte nur bei halber Motordrehzahl genutzt werden
[3] In 50-mm-Stufen verstellbar
[4] Hinten, motorkupplungsabhängig

Sein Einsatz in der DDR war gering, wahrscheinlich auch nur Import im Zusammenhang mit der Einfuhr des Mähdreschers S4 als Gerät zur Strohbergung.

Links: Radtraktor ChTS-7.

Links oben: Radtraktor ChTS-7, umgerüstet zur Rückwärtsfahrt, bei der Aufnahme eines Strohhaufens.

MTS-5M / MTS-5L

Die Schlepper MTS-5MS / MTS-5LS waren eine Weiterentwicklung mit einer Steigerung der Motorleistung auf 48 PS bei einer Nenndrehzahl von 1600 U/min. Außerdem wurden die Übersetzungsverhältnisse geändert. Der Motor bekam die Bezeichnung D-48.

Der Import der MTS-Schlepper war eine wertvolle Bereicherung des Traktorenbestandes der DDR insbesondere für den Betrieb zapfwellengetriebener Erntemaschinen, da durch die Doppelkupplung ein unabhängiges Schalten der Zapfwelle erfolgen konnte und damit bei Verstopfungen oder ähnlichen Vorkommnissen der Vortrieb, ohne den Kraftfluss zu unterbrechen, gestoppt werden und die Anhängemaschine dadurch freilaufen konnte.

Beim »Pionier« bzw. »Harz« war die fahrkupplungsabhängige Zapfwelle das große Problem. In die DDR wurden 6600 MTS-5 in Varianten geliefert. Der Import wurde 1963 eingestellt.

Ein etwas lädierter, aber fahrbereiter MTS-5. Zu beachten ist die Kette unterhalb der Vorderachse als unentbehrliches Hilfsmittel, wenn der Anlasser mal versagte.

Fahrzeugart	Radschlepper, Halbrahmenbauweise
Hersteller	Traktorenwerk Minsk
1. Baujahr, Bauzeit	ab 1957[1], in der DDR ab 1959
Motorenhersteller	Motorenwerk Minsk
Motorenbauart	Vierzylinder-Viertakt-Dieselmotor[2]
Motorenbezeichnung	D-40[3]
Bohrung x Hub (mm)	105 x 145
Hubraum (ccm)	4585
Leistung (PS/kW / U/min)	45/33,1 / 1500
Antrieb	Hinterradantrieb[4]
Getriebe	5-Gang mechanisch[5]
Fahrgeschwindigk. (km/h)	1,37 bis 22,30
Reifen vorn	6.50-20
Reifen hinten	12-38
Spur v/h (mm)	1200-1700 / 1550-1800[6]
Radstand (mm)	2480
Bremsen	Innenbacken[7]
Riemenscheibe (Ø mm, U/min)	300, 820[8]
Zapfwelle (U/min)	523[9]
Hydraulik	Dreipunkthydraulik hinten[10]
L x B x H (mm)	4080 x 1880 x 2370 (Oberkante Kabine)
Masse (kg)	3322

1 Die Produktion der MTS-Radschlepperserie im Minsker Traktorenwerk begann 1953 mit dem MTS-1 (vorn zwei eng gestellte Räder) und dem MTS-2 (vorn Normalspur) mit dem Motor D-35 des Kettenschleppers KD-35 mit 37 PS
2 Reihe, Wasserkühlung, Wirbelkammerverfahren
3 Als D-40M mit elektrischem Anlasser, als D-40L mit Einzylinder-Zweitakt-Benzinmotor, über Reißleine gestartet
4 Der MTS-7 mit zusätzlichem Vorderachsantrieb kam in der DDR nicht zum Einsatz
5 Schieberadgetriebe mit zwei Schaltgruppen
6 Vorn um je 100 mm, hinten stufenlos verstellbar
7 Keine besondere Feststellbremse, Fußbremse durch Sperrklinke feststellbar, Wirkung auf besondere Bremswellen
8 Sonderausrüstung, von der Zapfwelle angetrieben
9 Hinten, durch Doppelkupplung unabhängig schaltbar
10 Zwei freie Arbeitszylinder vorn rechts und links am Rahmen, Hydraulikpumpe am Motor

MTS-50/MTS-52

Die Baureihe MTS-50 war die Weiterentwicklung der Baureihe MTS-5 und Varianten. Sie wurde mit Baugruppen ausgestattet, die die Wirtschaftlichkeit verbesserten (Antischlupfeinrichtung, Raddruckverstärker, Scheibenbremsen, Luftdruckbremseinrichtung für Anhänger, Hitchkupplung) und seine Bedienung erleichterten (hydraulische Servolenkung, gefederte Vorderachse, verringerte Masse). Bis Ende 1989 wurden insgesamt über 65.000 MTS-Traktoren in die DDR geliefert.

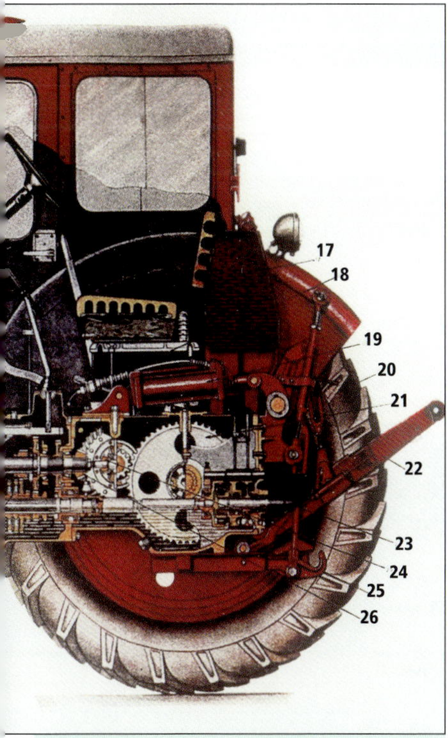

1 Vorderrad	17 Dieselölbehälter
2 Vorderachse	18 Batterie
3 Hydraulische Lenkhilfe	19 Hauptzylinder der Anbauvorrichtung
4 Wasserkühler	20 Hinterrad
5 Lichtmaschine	21 Endvorlege
6 Motor	22 Anbauvorrichtung
7 Luftfilter	23 Hintere Zapfwelle (Einsatzstelle der Riemenscheibe)
8 Ölpumpe der Hydraulikanlage	24 Ausgleichsgetriebe
9 Ölbehälter für Hydraulikanlage	25 Hydraulisch betätigter Zughaken
10 Steuerblock	26 Hinterachsantrieb
11 Ballasteinrichtung	27 Schaltgetriebekasten
12 Bremspedal	28 Flexible Kupplung
13 Fußhebel für Kraftstoffpumpenregler	29 Kupplung
14 Handhebel für Kraftstoffpumenregler	
15 Gangschalthebel	
16 Lenkrad	

Fahrzeugart	Radschlepper, Halbrahmenbauweise
Hersteller	Traktorenwerk Minsk
1. Baujahr, Bauzeit	ab 1963, in der DDR ab 1967 / MTS-52 ab 1964
Motorenhersteller	Motorenwerk Minsk
Motorenbauart	Vierzylinder-Viertakt-Dieselmotor[1]
Motorenbezeichnung	D-50[2]
Bohrung x Hub (mm)	110 x 125
Hubraum (ccm)	4749
Leistung (PS/kW / U/min)	55/40,5 / 1700
Antrieb	Hinterachsantrieb, bei MTS-52 zus. Vorderradantrieb[3]
Getriebe	mechanisches Gruppengetriebe[4]
Fahrgeschwindigk. (km/h)	1,55 bis 24,3 vorw., 3,3 und 5,6 rückw.
Reifen vorn	6.50-20 AS-Front / 8-20 AS
Reifen hinten	12-38 AS, auch mit 9-42
Spur v/h (mm)	1200 bis 1800, stufenlos verstellbar
Radstand (mm)	2450
Bremsen	mech. Scheiben[5]
Zapfwelle (U/min)	562[6]
Hydraulik	Dreipunktaufhängung[7]
L x B x H (mm)	3810 x 1870 x 1925 (bis Lenkrad, Kabine 2373)
Masse (kg)	3060 / 3360

1 Reihe, Wasserkühlung, Wirbelkammerverfahren, Elektrostart
2 Die Grundbezeichnung des Motors war D-50, mit elektrischen Anlasser D-50M, mit Benzinanlassmotor D-50L, letzterer nur in geringen Stückzahlen in der DDR. Der Motor D-50 wurde auch im Schwadmäher E 301 (Fortschritt Neustadt) eingebaut. Der Originaldüseneinsatz FSch-2 x 25° konnte durch den Düseneinsatz SD 8 G 90 (Fa. Fischer und Spille) ersetzt werden.
3 Schaltete sich zu bei mehr als 8 % Schlupf der Hinterräder.
4 Zwei Gruppen mit je vier Vorwärtsgängen und einem Rückwärtsgang und zusätzlicher direkter Stufe (9. Gang)
5 Durch Doppelpedal Einzelradbremse, Handbremse wirkt durch Gestänge auf Betriebsbremse
6 Hinten, fahrkupplungsunabhängig, wegegebunden 3,55 U/m Fahrstrecke
7 Doppeltwirkend, mit Anschlussmöglichkeit für doppeltwirkende freie Arbeitszylinder

Links: Ein gut gepflegter MTS-50. Mit der gelben Farbe war man etwas zu großzügig.

Links oben: Ein MTS-52, erkennbar an den mit Stollen versehenen Vorderreifen.

MTS-50 »Super«/ MTS-52 »Super«

Die »Super«-Baureihe war eine Weiterentwicklung der MTS-Baureihe mit den hauptsächlichsten Veränderungen

- Steigerung der Motorleistung auf 60 PS
- Erhöhung der Motordrehzahl auf 1800 und damit Erhöhung der Endgeschwindigkeit auf 27,3 km/h
- Anwendung eines Abgasgeräuschdämpfers zur Verminderung der Lärmbelästigung in der Kabine

und weiteren konstruktiven und technologischen Maßnahmen zur Verbesserung der Haltbarkeit und Verlängerung der Pflegezyklen.
Die Vorderfront bekam eine andere Gestaltung.

Fahrzeugart	Radschlepper, Halbrahmenbauweise
Hersteller	Traktorenwerk Minsk
Motorenhersteller	Motorenwerk Minsk
Motorenbauart	Vierzylinder-Viertakt-Dieselmotor[1]
Motorenbezeichnung	D-60
Bohrung x Hub (mm)	110 x 125
Hubraum (ccm)	4750
Leistung (PS/kW / U/min)	60/44,2 / 1800
Antrieb	Hinterradantrieb, bei MTS-52 zus. Vorderradantrieb
Getriebe	mechanisches Stufengetriebe[2]
Fahrgeschwindigk. (km/h)	2,05 bis 27,30 vorw., 4,40 und 7,50 rückw.
Reifen vorn	7.50-20 / 8.3/8-20
Reifen hinten	13,6/12-38
Spur v/h (mm)	verstellbar 1200-1800, normal 1475/1400
Radstand (mm)	2370
Bremsen	mechanische Scheiben[3]
Zapfwelle (U/min)	596[4]
Hydraulik	analog MTS 50
L x B x H (mm)	3850 x 1970 x 2485
Masse (kg)	3150 / 3675

MTS-50 »Super«. Zu beachten ist die neue Frontgestaltung.

[1] Reihe, Wasserkühlung, Wirbelkammer, Elektrostart

[2] 2 Gruppen mit je 4 Vorwärtsgängen, 1 Rückwärtsgang sowie 1 zusätzlichen Direktgang

[3] Durch Doppelbremspedal Einzelradbremsung, Druckluftbremsanlage für Anhänger

[4] Hinten, fahrkupplungsunabhängig, wegegebunden 3,55 U/m Fahrstrecke

MTS-550 / MTS-552

In die DDR eingeführt wurden 5736 Stück MTS-550 und 998 Stück MTS-552. Trotzdem sind technische Angaben zu den Maschinen nur im geringen Maße vorhanden.
Die Fertigung soll 1989 im Traktorenwerk zugunsten der neuen Baureihe MTS-570 / MTS-572 eingestellt worden sein.

Fahrzeugart	Radschlepper, Halbrahmenbauweise
Hersteller	Traktorenwerk Minsk
Motorenhersteller	Motorenwerk Minsk
Motorenbauart	Vierzyl.-Viertakt-Dieselmotor[1]
Motorenbezeichnung	D-50
Bohrung x Hub (mm)	110 x 125
Hubraum (ccm)	4750
Leistung (PS/kW / U/min)	55/40,5 / 1700
Antrieb	Hinterradantrieb bzw. mit zus. Vorderradantrieb
Getriebe	wie bei »Super«
Fahrgeschwindigk. (km/h)	1,9 bis 25,8,vorw., 3,1 u. 6,9 rückw.
Reifen vorn	7.50-20 / 8.3-20
Reifen hinten	15.5 R-38, auch 18.4L-30
Spur v/h (mm)	1300-1800 / 1400-2030, stufenlos verstellbar
Radstand (mm)	2370 / 2450
Bremsen, Feststell-	handbetätigt
Bremsen, Betriebs-	trockene Scheiben[2]
Zapfwelle (U/min)	562[3]
Hydraulik	Dreipunktkraftheber[4]
L x B x H (mm)	3815 x 1970 x 2765
Masse (kg)	3370 / 3570

MTS-550, noch fahrbereit, aber nur noch zeitweilig genutzt. Einige der so genannten »Wiedereinrichter« haben mehrere MTS-Traktoren stehen, weil sie günstig zu erwerben waren, und sie dann mit einem speziellen Arbeitsgerät ausgestattet (hier ein Kreiselmäher), um nicht ständige Umbauten vornehmen zu müssen.

1 Reihe, Wasserkühlung, Wwirbelkammer, Elektrostart. Es ist nicht weiter bekannt, ob diese Maschinen auch mit Benzinanlassmotor gebaut bzw. mit solchem importiert wurden.

2 Druckluftbremsanlage für Anhänger

3 Heckzapfwelle, fahrkupplungs unabhängig, synchronisierte Seitenzapfwelle

4 Zweikreishydraulik, ohne Raddruckverstärker

Fahrzeugart	Radschlepper, Halbrahmenbauweise
Hersteller	Traktorenwerk Minsk
1. Baujahr, Bauzeit	ab 1989
Motorenhersteller	Motorenwerk Minsk
Motorenbauart	Vierzylinder-Viertakt-Dieselmotor[1]
Motorenbezeichnung	D-242
Bohrung x Hub (mm)	110 x 125
Hubraum (ccm)	4750
Leistung (PS/kW / U/min)	62/45,6 / 1800
Antrieb	Hinterradantrieb bzw. zusätzlicher Vorderradantrieb
Getriebe	entspricht im Wesentlichen MTS-80/82[2]
Fahrgeschwindigk. (km/h)	1,5-27,3 vorw., 3,2- 7,3 rückw.
Reifen vorn	9.00-20 / 11.2-20
Reifen hinten	15.5-38[3]
Spur v/h (mm)	1350-1850 / 1450-2100, stufenlos verstellbar
Radstand (mm)	2370 / 2470
Bremsen	entsprechend MTS-80
Zapfwelle (U/min)	hinten
Hydraulik	hydraulisch betätigte Dreipunktanlage, Lenkhydraulik
L x B x H (mm)	3815 x 1970 x 2765
Masse (kg)	3370 / 3570

1 Reihe, Wasserkühlung, Direkteinspritzung, Elektrostart. Auch mit Benzinanlassmotor, in DDR aber nicht bekannt.
2 Möglichkeit, eine Zusatzbaugruppe Kriechgang (Geländegetriebe) zu montieren
3 Auch 9-42 möglich

MTS-570 / MTS-572

Der Motor war eine Modifikation des Motors D-240, der in der Baureihe MTS-80/82 und auch beim von Fortschritt Neustadt gebauten Schwadmäher E 302 / E 303 zum Einsatz kam.

Einige weitere technische Details:
Zur Hydraulik: Dreipunktgestänge Kategorie II, Hubkraft / Pumpenleistung 30 kN / 45 l/min. Funktion: Lage- und Zugwiderstandsreglung, eigner Ölkreislauf mit 22 l Inhalt. Steuerschieber mit Kreishebelbetätigung, max. Hydrauliköldruck 180 bis 200 bar, Arbeitszylinderdurchmesser 100 mm.

MTS-572. Zu beachten sind die beiden doppelten Scheinwerfer vorn. Die im Kühler integrierten Scheinwerfer entsprachen nicht der StVZO der DDR. Der Abstand von der Fahrzeugaußenkante war zu groß. Entweder mussten die Scheinwerfer an besonderen Halterungen an der Kühlerverkleidung angebracht werden, oder es mussten Begrenzungsleuchten montiert werden.

MTS-572.

Zur Zapfwelle: kupplungsunabhängige Motorzapfwelle, unter Last schaltbar, 540 und 1000 Umdrehungen, Wegezapfwelle 3,5 Umdrehungen je Meter Fahrstrecke.

Zur Kabine: OECD-geprüfte Komfort-Sicherheitskabine mit Kabinenheizung und -lüftung, mit zu öffnenden Seitenfenstern und Heckfenster, mit wärmedämmender Sicherheitsverglasung, Dachhaube aufstellbar, elektrische Scheibenwischer hinten und vorn, Arbeitsscheinwerfer vorn und hinten, Scheibenwaschanlage vorn, Komfortsitz Grammer. Er konnte nach Körpergröße und Körpergewicht des Fahrers eingestellt werden.

Schon ab Herbst 1982 wurden alle in die DDR eingeführten MTS-Traktoren mit der neuen Kabine ausgerüstet. Aufgrund der Verformungsgefahr bei Traktorenumstürzen wurde für alte Kabinen im Traktorenwerk Schönebeck in Zusammenarbeit mit dem KfL (Kreisbetrieb für Landtechnik) Zerbst eine Versteifung erarbeitet, mit der Lieferungen ab 1977 nachgerüstet werden konnten.

Von einer Nachrüstung älterer Traktoren mit der neuen Kabine wurde wegen des erheblichen Aufwandes abgesehen.

MTS-80 / MTS-82

Die Schlepper MTS-80 / MTS-82 eigneten sich aufgrund ihrer hohen Motorleistung von 80 PS, bezogen auf die Nennzugkraft von 1,4 Mp, besonders für leistungsintensive Arbeiten bei Geschwindigkeiten von 8 bis 13 km/h bzw. für Arbeiten mit hohen Leistungsabforderungen über die Zapfwelle.
Eine Druckluftbeschaffungsanlage für druckluftgebremste Anhänger stand zur Verfügung.

Rechts: MTS-80 mit alter Kabine.

Unten: MTS-82 mit neuer Kabine.

Fahrzeugart	Radschlepper, Halbrahmenbauweise
Hersteller	Traktorenwerk Minsk
1. Baujahr, Bauzeit	ab 1974, in der DDR ab 1977
Motorenhersteller	Motorenwerk Minsk
Motorenbauart	Vierzylinder-Viertakt-Dieselmotor[1]
Motorenbauart	D-240, später auch D-243
Bohrung x Hub (mm)	110 x 125
Hubraum (ccm)	4750
Leistung (PS/kW / U/min)	80/59 / 2200
Antrieb	Hinterradantrieb, MTS-82 mit zus. Vorderradantrieb
Getriebe	mechanisches Stufengetriebe[2]
Fahrgeschwindigk. (km/h)	1,89-33,38
Reifen vorn	7.50-20 / 8.00-20
Reifen hinten	12-38 AS, auch 9-42 AS
Spur v/h (mm)	1200-1800 / 1350-2030, stufenlos verstellbar
Radstand (mm)	2380/2485
Bremsen, Feststell-	auf Betriebsbremse wirkend
Bremsen, Betriebs-	mech. Scheiben[3]
Riemenscheibe	Sonderausrüstung, nicht in DDR
Zapfwelle (U/min)	571[4]
Hydraulik	Dreipunktanbausystem[5]
L x B x H (mm)	3810 x 1970 x 2470 / 3930 x 1970 x 2470[6]
Masse (kg)	3418 / 3619

[1] Reihe, Wasserkühlung, Direkteinspritzung, Elektrostart. Es wurden auch Maschinen mit Benzinanlassmotor gebaut. Motor bzw. Schlepper erhielten dann zusätzlich ein »L« in der Typenbezeichnung. Es ist nicht bekannt, dass derartige Maschinen auch in der DDR zum Einsatz kamen. Der Start bei den L-Typen mit dem Anlassmotor P-10UD (Zweitakt-Einzylinder-Vergasermotor) konnte vom Fahrerhaus her erfolgen. Der Benzinmotor selbst wurde über einen Elektrostarter mit einer Leistung von 0,75 PS angeworfen.

[2] Mit zwei Schaltgruppen, 9 Gänge vorw., 2 Gänge rückw., als Sonderausrüstung Zusatzgetriebe mit 4 Schaltstufen (2v/2r), seitliche Anbringung am Getriebe, niedrigste Geschwindigkeit 0,27 km/h

[3] Durch Doppelfußpedal Einzelradlenkung

[4] Hinten, motorgebunden, fahrkupplungsunabhängig, auch wegegebunden

[5] Mit Steuergerät und Zusatzsteuergerät, zwei freie Arbeitszylinder

[6] Werte bei Normalspur und bis Kabinendach

T-150 K

Mit dem Import des T-150 K in die DDR kam auch eine neue Zugkraftklasse mit der Nennzugkraft 30 kN (3,0 Mp) zum Einsatz. Bis zu diesem Zeitpunkt nur (Beispiele) 0,6 (GT 124), 0,9 (U-550), 1,4 (ZT 300), 2,0 (ZT 303) und 5,0 (K-700). Unter den Bedingungen der DDR-Landwirtschaft kam der T-150 K hauptsächlich mit einem Gerätesystem zum Pflügen (z. B. Stoppelumbruch mit Scheibengeräten) und zur Saatbettvorbereitung zum Einsatz. Das günstige Leistungs-Masseverhältnis von 15 kW/t (20 PS/t) gestattete es, die Motorleistung in hohe Arbeitsgeschwindigkeiten umzusetzen

Fahrzeugart	Radtraktor, zweiteilige Rahmenbauweise, Knicklenkung
Hersteller	Traktorenwerk Charkow
1. Baujahr, Bauzeit	in der DDR seit 1977
Motorenhersteller	Motorenwerk Charkow
Motorenbauart	Sechszylinder-Viertakt-Dieselmotor[1]
Motorenbezeichnung	SMD-62
Bohrung x Hub (mm)	130 x 115
Hubraum (ccm)	9154
Leistung (PS/kW / U/min)	165/121 / 2100
Antrieb	Allradantrieb
Getriebe	mechanisches Stufengetriebe[2]
Fahrgeschwindigk. (km/h)	3,36-30,0 vorw., 6,14-10,69 rückw.
Reifen	20-24 AS
Spur (mm)	1860
Radstand (mm)	2860
Bremsen, Feststell-	mech. Band auf Vorderr.
Bremsen, Betriebs-	pneum. Innenbacken[3]
Zapfwelle (U/min)	560[4]
Hydraulik	Anbaukraftheber[5]
L x B x H (mm)	5795 x 2400 x 3195
Masse (kg)	7910

[1] V-Form, Direkteinspritzung, mit Aufladung, Benzinanlassmotor

[2] Mit ständig im Eingriff stehenden Zahnrädern, drei Gruppen vorw., eine rückw., jew. 4 Gänge

[3] Auf alle vier Räder wirkend, Anhängerbremseinrichtung

[4] Hinten, motorgebunden, fahrkupplungsunabhängig, auch 1025 nach Umrüstung

[5] Heben - Neutral - Senken – Schwimmstellung, mit automatischer Neutralstellungsrückführung, Dreipunkt nicht der DDR-Norm entsprechend

Oben: Ursprüngliche Farbgebung des T-150 K.
Unten links: Innenleben des T-150 K.

Unten: Später kamen sie auch in Rot. Hier mit neuer Kabine.

K-700

Mit dem Import des K-700 begann eine neue Etappe in der Mechanisierung der Feldarbeiten in der DDR, vor allem in Verbindung mit dem neu entwickelten siebenfurchigen Aufsattelpflug B 500 mit 2,50 m Arbeitsbreite und bis zu 35 cm Arbeitstiefe.

Der K-700 hatte noch keine Unterlastschaltung. Die Prüfung erfolgte in den Jahren1967/68 in der Zentralen Prüfstelle für Landtechnik Potsdam-Bornim mit dem Ergebnis »Für den Einsatz in der Landwirtschaft der DDR gut geeignet«. Damit erhielt er als erster Importschlepper die bestmögliche Beurteilung.

Hinter vorgehaltener Hand wurde allerdings auch die Ansicht vertreten, dass mit dem Import des K-700 ein Zugmittel eingeführt wurde, das im Ernstfall für die Bewegung ortsveränderlicher Raketenbasen eingesetzt werden sollte.

Fahrzeugart	Radtraktor, Rahmenbauweise, Knicklenkung
Hersteller	Kirow-Werk Leningrad
1. Baujahr, Bauzeit	ab 1964, 1968 Import in der DDR
Motorenhersteller	Motorenwerk Jaroslawl
Motorenbauart	Achtzyl.-Viertakt-Dieselmotor[1]
Motorenbezeichnung	JaMS-238 NB
Bohrung x Hub (mm)	130 x 140
Hubraum (ccm)	14860
Leistung (PS/kW / U/min)	215/158 / 1700
Antrieb	Vierrad
Getriebe	mechanisches Gruppengetriebe[2]
Fahrgeschwindigk. (km/h)	2,9-31,8 vorw., 5,1-28,7 rückw.
Reifen	23.1/18-26 AS
Spur (mm)	1910
Radstand (mm)	3050
Bremsen, Feststell-	mech. Bandbremse, auf Getriebe wirkend
Bremsen, Betriebs-	pneumatische Backenbremse, alle 4 Räder
Zapfwelle (U/min)	1000[3]
Hydraulik	Dreipunktanbausystem[4]
L x B x H (mm)	7010 x 2530 x 3110
Masse (kg)	11550

1 V-Form, Wasserkühlung, Direkteinspritzung, Turboaufladung
2 4 Gruppen mit je 4 Vorwärtsgängen, 2 Gruppen mit je 4 Rückwärtsgängen
3 Motorgebunden, fahrkupplungsunabhängig
4 Mit zwei freien Anschlüssen

K-700 mit typischer Farbgebung.

K-700 A

Der K-700 A war eine Zwischenstufe zum späteren K-701. Der Hinterachsantrieb ließ sich wahlweise zu- und abschalten. Die Gänge wurden durch hydraulisch betätigte Lamellenkupplungen geschaltet, die Gruppenschaltung bestand aus Klauenkupplungen.

K-700 A.

Fahrzeugart	Radtraktor, Rahmenbauweise, Knicklenkung
Hersteller	Kirow-Werk Leningrad
Motorenhersteller	Motorenwerk Jaroslawl
Motorenbauart	Achtzylinder-Viertakt-Dieselmotor[1]
Motorenbezeichnung	JaMS-238 NB
Bohrung x Hub (mm)	130 x 140
Hubraum (ccm)	14860
Leistung (PS/kW / U/min)	215/158 / 1700
Antrieb	Allradantrieb
Getriebe	Gruppengetriebe[2]
Fahrgeschwindigk. (km/h)	2,6-30,2 vorw., 4,6-21,7 rückw.
Reifen	720-665 R, auch 28.1-26 R
Spur (mm)	2115
Radstand (mm)	3200
Bremsen, Feststell-	Bandbremse, auf Getriebe wirkend
Bremsen, Betriebs-	Vierrad-Druckluftbremse
Zapfwelle (U/min)	1000[3]
Hydraulik	Dreipunkt[4]
L x B x H (mm)	7400 x 2880 x 3550
Masse (kg)	12810

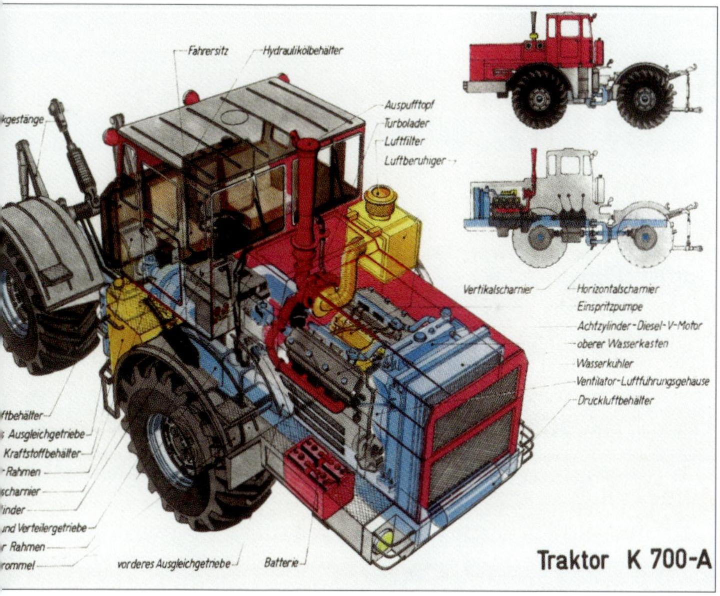

Innenleben des K-700 A

[1] V-Form, Wasserkühlung, Direkteinspritzung, Turboaufladung
[2] 4 Gruppen zu je 4 Gängen, 16 vorw., 8 rückw., Unterlastschaltung möglich
[3] Hinten, kupplungsunabhängig
[4] Mit zwei doppelt wirkenden Arbeitszylindern, Anschlüsse für zwei Außenzylinder

K-701

Nach einer Pressemeldung wurde auf der agra 1988 der 3000. Kirowez an die Landwirtschaft der DDR übergeben. Es war ein K-700 A. Vorliegenden Informationen zufolge war für 1990 der Import von 500 Maschinen vorgesehen. Davon trafen im Juni 1990 die ersten 50 Stück ein. Ob die geplante Lieferung im vollen Umfang realisiert wurde, ist unbekannt.

Fahrzeugart	Radtraktor, Rahmenbauweise, Knicklenkung
Hersteller	Kirow-Werk Leningrad
1. Baujahr, Bauzeit	ab 1974
Motorenhersteller	Motorenwerk Jaroslawl
Motorenbauart	12-Zylinder-Viertakt-Diesel[1]
Motorenbezeichnung	JaMS-240 B
Bohrung x Hub (mm)	130 x 140
Hubraum (ccm)	22288
Leistung (PS/kW / U/min)	300/220 / 1900
Antrieb	Allradantrieb
Getriebe	mechanisches Stufengetriebe[2]
Fahrgeschwindigk. (km/h)	2,88-33,72
Reifen	720-665R, auch 26-26 AS
Spur (mm)	2115
Radstand (mm)	3200
Zapfwelle (U/min)	Sonderausstattung, 1000
Hydraulik	Dreipunkthydraulik
L x B x H (mm)	7430 x 2880 x 3530
Masse (kg)	13400

[1] V-Form, Wasserkühlung, Direkteinspritzung

[2] Getriebe unter Last schaltbar durch hydraulisch betätigte Lamellenkupplungen, Gruppenschaltung durch Klauen, 4 Gruppen mit jeweils 4 Vorwärtsgängen, 2 Gruppen mit jeweils 4 Rückwärtsgängen.

K-701.

ASChTS-NATI

Da der Betriebsstoff Petroleum sich nicht für den Anlassvorgang eignete, musste der Motor mit Benzin gestartet werden. Es ergaben sich die gleichen Probleme wie beim Universal dargelegt. In den 50er Jahren wurden deshalb in der MTS-Spezialwerkstatt Prenzlau einige dieser Traktoren mit dem Motor EM4-15 (Motor der Mähdrescherbaureihe E 171 ff) ausgerüstet. Das Aus wurde aber damit nicht aufgehalten.
Der Motor bei den ASChTS hatte noch eine Besonderheit. Über einen Zusatzvergaser konnte der Verbrennungsluft zerstäubtes Wasser beigefügt werden. Bei Volllast waren das bis zu 6 Liter. Damit sollte einer Überhitzung des Motors bei hoher Belastung vorgebeugt werden. Dieses Verfahren war an sich nicht neu. Schon zu Beginn des 20. Jahrhunderts wurde Versuche in dieser Form angestellt. Auch aus neuster Zeit gibt es Berichte über die Herstellung einer Diesel-Wasseremulsion zur Erhöhung des Verbrennungseffektes.
Der Nachfolger der ASChTS-NATI, der Kettentraktor TD-54, hatte einen Dieselmotor. Über einen Import ist nichts bekannt.

Fahrzeugart	Kettentraktor, Rahmenbauweise
Hersteller	verschiedene[1]
1 Baujahr, Bauzeit	1937 bis 1949
Motorenhersteller	wahrsch. wie Hersteller
Motorenbezeichnung	1 M A, nicht verbürgt für alle
Motorenbauart	Vierzylinder-Viertakt-Petroleummotor mit Handanlassung
Bohrung x Hub (mm)	125 x 152
Hubraum (ccm)	7460
Leistung (PS/kW / U/min)	52/38,3 / 1250
Fahrwerk	Gleisketten
Getriebe	mechanisch, 4 Vorw., 1 Rückw.
Laufwerk	Pendelrollenlaufwerk
Spur (mm)	1435
Radstand (mm)	2250
Riemenscheibe	Sonderbauteil, Antrieb über Zapfwelle
Hydraulik	keine
L x B x H (mm)	3750 x ? x 2300
Masse (kg)	5100

[1] Die Bezeichnung ASChTS-NATI ist eine Sammelbezeichnung für die Herstellung in drei Traktorenwerken.
A = Altaier Traktorenwerk,
S = Stalingrader Traktorenwerk,
Ch = Charkower Traktorenwerk.
TS ist die allgemeine Abkürzung für Traktorenwerk unter Nutzung der Anfangsbuchstaben der russischen Schreibweise (тракторны завод) bei Übertragung der Zeichen ins Deutsche (siehe dazu auch den Abschnitt »Schreibweise MTS / MTZ« im Anhang). NATI ist die Abkürzung für »Nationales Automobil-Traktoreninstitut«, das unter anderem Motoren nach amerikanischen Baumustern entwickelte. Altai ist eine Region im Fernen Osten. Der Produktionsort hieß Rubzowsk. Die Produktion dort wurde durch die Umlagerung des Charkower Werkes während des Krieges aufgebaut.

Links unten: ChTS-NATI.

Rechts unten: »Frauen auf den Traktor«: Das »schwache Geschlecht« wollte nicht zurückstehen.

Fahrzeugart	Kettentraktor, Rahmenbauweise
Hersteller	Traktorenwerk Stalingrad[1]
1. Baujahr, Bauzeit	1947 bis 1955
Motorenhersteller	Traktorenwerk Stalingrad[1]
Motorenbauart	Vierzylinder-Viertakt-Dieselmotor[2]
Motorenbezeichnung	D-35[1]
Bohrung x Hub (mm)	100 x 130
Hubraum (ccm)	4080
Leistung (PS/kW / U/min)	37/27,2 / 1400
Antrieb	Gleisketten
Getriebe	mechanisches Rädergetriebe, 5 Vorw., 1 Rückw.
Fahrgeschwindigk. (km/h)	3,81-9,08/ 3,52
Laufwerk	Kastenlaufwerk
Spur (mm)	1090
Lenkung	durch Lenkkupplungen[3]
Riemenscheibe (Ø mm, U/min)	360, 695[4]
Zapfwelle (U/min)	544[5]
Hydraulik	ohne
L x B x H (mm)	3030 x 1430 x 1308[6]
Masse (kg)	3850

1 Die Angaben zum Hersteller (Traktor gesamt wie auch Motor) sind sehr ungenau. Wie schon an anderer Stelle dargelegt, sind besonders Originalangaben in dieser Hinsicht schweigsam. In deutschen Berichten liegen unter schiedliche Aussagen vor. So wirft z. B. die Angabe »Kirowez-Diesel« Fragen auf. (Das »K« in der Typenbezeichnung könnte dafür stehen.)

2 Reihe, Wasserkühlung. Der Motor wurde mit Hilfe eines Einzylinder-Zweitakt-Ottomotors gestartet, der einen höllischen Lärm verursachte.

3 Unterstützt durch Lenkbremsen, die auch zur Feststellung dienten

4 Hinten, nur Sonderausrüstung

5 Hinten, Sonderausrüstung

6 Höhe: Oberkante Kühler

KD-35 / KDP-35

Der Schlepper KDP-35 war eine Modifikation des KD-35 mit schmaleren Ketten und höher gestelltem Rahmen. Sie wurden erst später geliefert und sollten hauptsächlich als Zugmittel für die ebenfalls importierten sowjetischen Kartoffelvollerntemaschinen KOK-2 (bzw. KKR-2) und Rübenvollerntemaschinen SKEM-3 dienen. Die KD-Traktoren haben sich bis anfangs der 60er Jahre gehalten.

Oben: KDP-35 als Zugmittel für die sowjetische Kartoffellegemaschine SKG-4.

Links: KDP-35 in einem gut restaurierten Zustand.

KD-35. Gut zu erkennen ist der Benzinanlassmotor mit der Rillenscheibe für den Seilzugstart.

DT-75

Der Kettentraktor DT-75 war die Weiterentwicklung des DT-54. Damit vollzog sich auch eine Trennung der bisherigen gemeinsamen Produktion gleicher Typen in den Traktorenwerken Charkow und Wolgograd.

DT-75. Gut zu sehen ist die Kraftheberanlage.

Fahrzeugart	Kettentraktor, Rahmenbauweise
Hersteller	Traktorenwerk Wolgograd
1. Baujahr, Bauzeit	in der DDR ab etwa 1962
Motorenhersteller	wahrsch. wie Schlepper
Motorenbauart	Vierzylinder-Viertakt-Dieselmotor[1]
Motorenbezeichnung	SMD-14
Bohrung x Hub (mm)	120 x 140
Hubraum (ccm)	6300
Leistung (PS/kW / U/min)	75/55,2 / 1700
Antrieb	Gleisketten
Getriebe	mechanisches Siebengang[2]
Fahrgeschwindigk. (km/h)	5,15-10,85 / 4,41[3]
Laufwerk	Pendelrollenlaufwerk
Spur (mm)	1330
Zapfwelle (U/min)	540[4]
Hydraulik	Dreipunkt[5]
Masse (kg)	5750

1 Reihe, Wasserkühlung, Wirbelkammer, Benzinanlassmotor
2 (7+1) ohne Gruppenschaltung, mit Drehmomentverstärker
3 Mit Drehmomentverstärker 4,12-8,68 / 3,53
4 Hinten, fahrkupplungsabhängig
5 Mit zwei Außenkreisen, schaltbar über Steuerschieber

DT-75. Hier könnte man ob des Zustandes (Aufnahme 2002) etwas traurig werden.

DT-75 M

Der Kettentraktor DT-75 M wurde der Nennzugklasse 30 kN (3,0 Mp) zugeordnet. Die neue Kabine bot dem Mechanisator (üblicher Ausdruck in der DDR für den Schlepperfahrer) bessere Arbeitsbedingungen.
Es gab auch die Modifikationen DT-75 MRS mit Umkehrreduziergetriebe, das zusätzlich sieben verminderte Geschwindigkeitsstufen vorwärts und rückwärts ermöglichte (3,2-6,7 km/h vorwärts und 3,9-8,3 km/h rückwärts). Anstelle des Umkehrgetriebes konnte auch ein Kriechganggetriebe eingebaut werden, das 16 langsame Vorwärtsgeschwindigkeiten im Bereich von 0,73 bis 4,74 km/h brachte (Modifikation TD-75 MWUS).
Die Kettenschlepper DT-75 M waren für die schwere, bodenschonende Pflugarbeit und im Meliorationsbau einsetzbar.

Fahrzeugart	Kettentraktor, Rahmenbauweise
Hersteller	Traktorenwerk Wolgograd
1. Baujahr/Bauzeit	ab 1978
Motorenhersteller	Motorenwerk Altaisk
Motorenbauart	Vierzylinder-Viertakt-Dieselmotor[1]
Motorenbezeichnung	A-41
Bohrung x Hub (mm)	130 x 140
Hubraum (ccm)	7430
Leistung (PS/kW / U/min)	90/66,2 / 1750
Antrieb	Gleisketten
Getriebe	7-Gang mechanisch[2]
Fahrgeschwindigk. (km/h)	5,22-11,02 / 4.54[3]
Laufwerk	Pendelrollenlaufwerk[4]
Spur (mm)	1330
Radstand (mm)	2570
Lenkung	durch Lenkkupplung und Bandbremsen
Zapfwelle (U/min)	540[5]
Hydraulik	Zwei-/Drei-Punktsystem
L x B x H (mm)	4680 x 1740 x 2650
Masse (kg)	6260

DT-75 M.

1 Reihe, Wasserkühlung, Direkteinspritzung, Elektrostart
2 1 Rückwärtsgang, Drehmomentverstärker
3 Mit Drehmomentverstärker 4,24-8.94
4 Je zwei Laufrollenträger auf jeder Seite
5 Motorgebunden, kupplungsunabhängig, Sonderausrüstung 1000 U/min

Fahrzeugart	Kettentraktor, Rahmenbauweise
Hersteller	Traktorenwerk Tscheljabinsk
1. Baujahr, Bauzeit	1958 bis 1963
Motorenhersteller	Traktorenwerk Tscheljabinsk
Motorenbauart	Vierzylinder-Viertakt-Dieselmotor[1]
Motorenbezeichnung	TschD-100, später KDM-100
Bohrung x Hub (mm)	145 x 205
Leistung (PS/kW / U/min)	100/73,6 / 1050
Antrieb	Gleisketten
Getriebe	5-Gang mechanisch, 4 Rückwärtsgänge
Fahrgeschwindigk. (km/h)	2,32-10,12 / 2,79-6,32
Laufwerk	Kastenlaufwerk
Spur (mm)	1880
Radstand (mm)	2370
L x B x H (mm)	4230 x 2460 x 2990
Masse (kg)	11400

[1] Reihe, Wasserkühlung, mit Benzinanlassmotor

S-100

Der mit breiten Laufketten (1000 mm) ausgestatte Schlepper hatte die Bezeichnung S-100 B (Moorschlepper). Der Anlassmotor als Zweizylinder-Benzinmotor hatte eine Leistung von 19 PS bei 2600 U/min.
Nach Stalins Tod wurden die Schlepper aus Tscheljabinsk nicht mehr mit »Stalinez« bezeichnet. Sie erhielten ab 1961 nur noch das Kürzel »T«.

Oben: S-100.

Rechts: T-100 M als Nachfolger des S-100, restaurierungsbedürftig.

Gut restaurierter Kettenschlepper T-100 M…

… und sein wuchtiger Anlassmotor.

T-130

Der Traktor T-130 gehörte zur Nennzugklasse 60 kN (6,0 Mp). Er kam zum Einsatz beim Pflügen und bei der Saatbettvorbereitung auf Böden mit hohem Bearbeitungswiderstand, beim Verfestigen von Horizontalsilos und bei Meliorationsarbeiten. Bemängelt wurden die Arbeitsbedingungen in der Kabine hinsichtlich Lärm und Schwingungen. Hydraulische Aggregate von Maschinen und Geräten konnten durch zwei freie, doppeltwirkende Anschlüsse der Hydraulikanlage beaufschlagt werden.

T-130, Darstellung mit nicht ganz den sonstigen Angaben entsprechenden Rollenkästen.

Fahrzeugart	Kettentraktor, Halbrahmenbauweise
Hersteller	Traktorenwerk Tscheljabinsk
1. Baujahr, Bauzeit	ab 1970
Motorenhersteller	Traktorenwerk Tscheljabinsk
Motorenbauart	Vierzylinder-Viertakt-Dieselmotor[1]
Motorenbezeichnung	D-160
Bohrung x Hub (mm)	145 x 205
Hubraum (ccm)	13534
Leistung (PS/kW / U/min)	187/117 / 1250
Antrieb	Gleisketten
Getriebe	mechanisch[2]
Fahrgeschwindigk. (km/h)	v. 3,68-12,17, r. 3,45-9,85
Laufwerk	Kastenlaufwerk[3]
Spur (mm)	1880
Radstand (mm)	2480
Lenkung	je eine Kupplung und eine Bremse für jede Richtung
Bremsen	Handhebel der Lenkung wird verriegelt
Zapfwelle	keine, Hauptwelle des Getriebes nach Umbau nutzbar
Hydraulik	Zwei- oder Dreipunktanbau
L x B x H (mm)	5240 x 2475 x 3100
Masse (kg)	14320

[1] Reihe, Wasserkühlung
[2] Mit vier Gangstufen und drei Gruppen (zwei vorwärts, eine rückwärts)
[3] Mit fünf Laufrollen (auch wenn die hier wiedergegebene zeichnerische Darstellung nur vier erkennen lässt)

Mähdrescher S-4

Anfang Juli 1952 trafen die ersten Mähdrescher S-4, damals noch als »Stalinez S-4« bezeichnet, in der DDR ein. Ende 1952 waren es 149 Stück. Mit den Lieferungen 1953 sollte dann der Bestand auf 400 Stück anwachsen.
Der S-4 war wohl die populärste Importmaschine. Als die ersten Einsätze auf den Feldern erfolgten brauchte es keinen Aufruf. Die Landbevölkerung kam auch so, um das Ding aus dem Osten zu bestaunen. Für die Fahrer war es gar nicht so einfach, den Koloss in voller Originalausführung auf den seinerzeit noch relativ kleinen Feldern zu manövrieren. Auch wenn der Straßenverkehr gegenüber heute sehr gering war, so war es doch ein Balanceakt, mit dem vier Meter breiten Schneidwerk, den gefährlich wirkenden Mähfingern und der hohen Haspel an entgegenkommenden Fahrzeugen vorbeizukommen.
Wohl gab es in der deutschen Landwirtschaft auf einzelnen großen Gütern schon Mähdrescher. Es waren Anhängemaschinen, die eine Vorbereitung des Feldes erforderten. Der S-4 war in dieser Hinsicht eine Revolution in der Getreideernte. Durch sein Frontmähwerk konnte er direkt, ohne anzumähen, in den Bestand einfahren.
Die Originalausführung hatte aber auch ihre Probleme. Bestandsdichte und auch Halmlänge, besonders bei Roggen, waren ungleich größer als in der SU. Um Verstopfungen zu vermeiden, musste deshalb mit verminderter Schnittbreite gefahren werden. Nicht ganz ins bäuerliche Konzept der damaligen Zeit passte auch die Art der Spreusammlung, zumindest die Weizenspreu war wertvolles Futtermittel. Mit der Einbettung in das Strohpaket, das im angehängten Strohsammelwagen entstand (siehe dazu Prinzipskizze), ging die Spreu praktisch verloren. Selbst der abgesetzte Strohhaufen harrte hinsichtlich seiner Einbringung einer Lösung. Zur Bedienung waren vier Personen erforderlich.
Da sich der Einsatz des selbstfahrenden Mähdreschers S-4 insgesamt aber als Erfolg zeigte und die spezifischen Probleme erkannt waren, erfolgte schon Ende des Jahres 1952 unter Anleitung des ZKBs (Zentrales Konstruktionsbüro) Leipzig eine Überarbeitung des Originalkonzepts mit späterer Nutzung von Zeichnungsunterlagen aus der SU für eine Lizenzproduktion. Eine erste Maßnahme war es, den Strohsammelwagen durch einen speziellen An-

hängespreusammelwagen (siehe Typenkompass »DDR-Traktoren und Landmaschinen«) zu ersetzen. Dazu wurden alle Originalmähdrescher S-4 mit einer Spreumulde und einem Saug-Druckgebläse versehen, das die Spreu über einen dicken Metallspiralschlauch in den Sammelwagen blies. Diese wurden im Wechsel ausgetauscht. Die Spiralschläuche gehörten übrigens zu den am meisten benötigten Ersatzteilen. Das Stroh wurde bei diesem Verfahren lose in einem Schwad hinter dem Mähdrescher abgelegt und über Sammelpressen aufgenommen.

Eine der zeittypischen Zeitungsaufmachungen.

Das Volk

NDESORGAN THÜRINGEN DER SOZIALISTISCHEN EINHEITSPARTEI DEUTSCHLANDS

mer 175 (7. Jahrg.) Weimar, Mittwoch, den 23. Juli 1952 Preis 15 Pfennig

Triumph der Freundschaft

Bevölkerung von Langensalza und Merxleben empfing einen Mähdrescher aus der Sowjetunion für die MAS Klettstedt

Typ	Mähdrescher
Motor	Sechszylinder-Viertakt-Benzinmotor[1]
Motorenbezeichnung	SIS-5K
Leistung (PS/kW)	53/39
Getriebe	mechanisch[2]
Reifen v/h	11-24, 6,00-16
Arbeitsgeschw. I (km/h)	1,7-3,5-6,4 / 1,4
Arbeitsgeschw. II (km/h)	2,3-4,7-8,7 / 1,9
Transportgeschw. (km/h)	11,0
Arbeitsbreite (m)	4
Schnitttiefe (mm), min.	100
Schnitttiefe (mm), max.	700
Trommel (Länge mm / Ø mm)	860 / 550
Trommeldrehzahl (U/min)	385–1335[3]
Inhalt Kornbunker (cbm)	1,7[4]
L x B x H (mm)	7000 x 4400 x 3490[5]
Masse (kg)	3800[5]
Strohsammler (Inh. cbm)	15
Masse (kg)	1000

1 Vergaser, Reihe, Wasserkühlung, Elektrostart; der Motor war die modifizierte Antriebsquelle des Lkws SIS-150
2 4 Vorwärtsgänge und 1 Rückwärtsgang, schaltbar in zwei Gruppen
3 Stufenlos einstellbar durch mechanisch verstellbare Keilriemenscheiben und gegenseitigen Austausch auf den Wellen.
4 Entspricht etwa 1300 kg Entleerung über Rutsche
5 Ohne Strohsammler

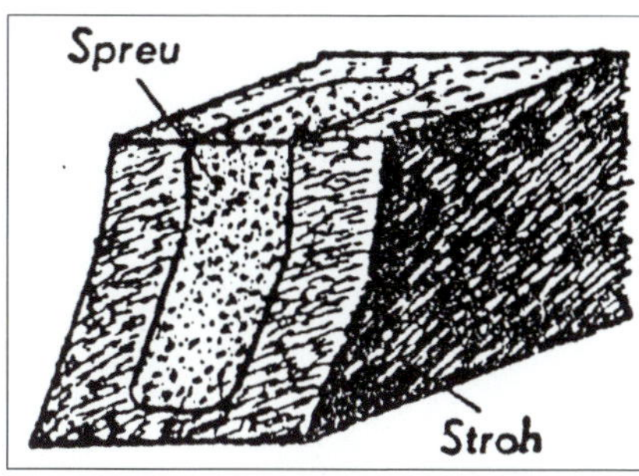

Das abgesetzte Strohpaket aus dem Sammelwagen.

Der Mähdrescher S-4 in seiner ganzen Größe.

Kartoffelvollerntemaschinen

KOK-2 und KKR-2

Zum Einsatz beider Maschinen in der DDR gibt es unterschiedliche Aussagen. Da aber in Berichten beide Maschinen erwähnt werden und die Landmaschinenliste der DDR neben der Maschine E 672 auch die KKR-2 vorstellt, ist anzunehmen, dass beide Maschinen importiert wurden, wobei der KOK-2 wohl der größere Anteil zukommt. Rein äußerlich waren beide Maschinen kaum zu unterscheiden. Die KOK-2 sollte zum Einsatz auf leicht absiebbaren, nicht zu steinigen Böden kommen, während die KKR-2 durch eine Veränderung im Reinigungsmechanismus auch auf schwereren Böden einsetzbar war.

Beide Maschinen nahmen gleichzeitig zwei Reihen auf. Problem war, dass ihr Reihenabstand auf 70 cm eingerichtet war, dieser aber in der Landwirtschaft der DDR 62,5 cm betrug. Das Arbeitsprinzip war das eines Siebkettenroders. Die geernteten Kartoffeln fielen von einem Querförderband, das gleichzeitig als Ausleseband für Fremdkörper diente, in Weidenkörbe mit etwa 40 kg Fassungsvermögen. Die vollen Körbe wurden auf dem Feld abgestellt und dann in Anhänger oder ähnliche Transportfahrzeuge entleert. Pro Maschine wurden etwa 200 Körbe benötigt (oberer Durchmesser 65 cm, Bodendurchmesser 45 cm, Höhe 35 cm). Die Räder der Maschinen waren aus Eisen.

Die Zuführung der Maschinen erfolgte 1952/53. Durch den administrativ angeordneten Nachbau der KOK-2 wurden 1954 50 Maschinen gefertigt und ausgeliefert. Diese Maschinen waren luftbereift und hatten linksseitig ein Steilförderband mit Rutsche zur Abgabe des Sammelgutes auf ein nebenherfahrendes Fahrzeug.

In der Literatur gibt es manchmal für den Nachbau die Sammelbezeichnung E 671/672. Eine eindeutige Erklärung konnte nicht gefunden werden.

Von der KKR-2 gab es unter Bezeichnung KKR-2A eine Modifikation mit Querförderband zur Verladung direkt auf ein Transportfahrzeug (nach einer russischen Pressemitteilung).

Eine KOK-2 im Einsatz. Gut zu sehen sind die Sammelkörbe. (Abdruck mit freundlicher Genehmigung des Leibniz-Institutes für Agrartechnik Potsdam-Bornim e.V. aus Band 24 der Schriftenreihe »Bornimer Agrartechnische Berichte«)

Oben: Versuchsweise Anordnung mit nach hinten führendem Förderband und seitlicher Abgabe auf einen Anhänger.

Unten: Die Kartoffelkombine KKR-2. Die Luftreifen lassen auf eine DDR-Version schließen.

Typ	KOK-2
Masse (kg)	2950
Leistung (ha/h)	0,3
Arbeitsbreite (mm)	1400
Zugkraftbedarf	etwa 40 PS
Typ	KKR-2
Masse (kg)	3500
Leistung (ha/h)	0,35
Arbeitsbreite (mm)	1400
Zugkraftbedarf	etwa 50 PS

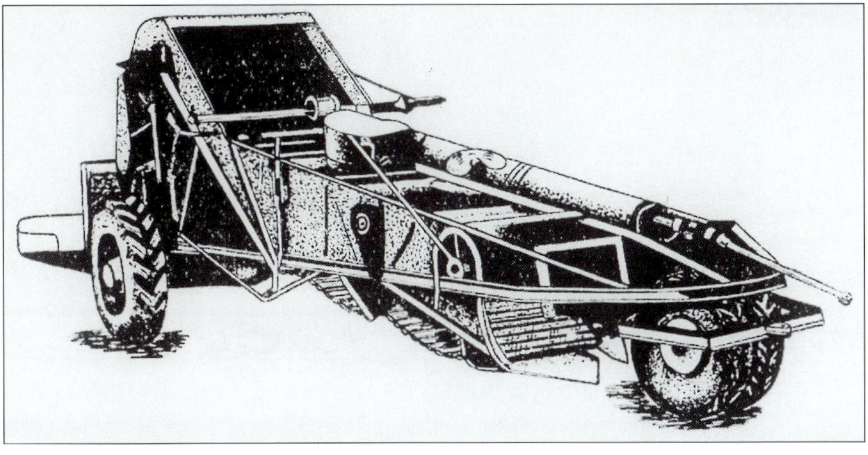

Rodelader KS-6

Die sechsreihige selbstfahrende Hackfruchterntemaschine KS-6 mit teilhydraulischem Antrieb des Fahrgestells war für das Ernten von Zuckerrüben bestimmt, deren Kraut im Voraus geschnitten und geräumt wurde. Die Rüben wurden mit je einem Paar Rodescheiben ausgehoben (eine passiv, die andere angetrieben), gereinigt und einem nebenherfahrenden Transportfahrzeug übergeben. Während des Fahrzeugwechsels konnten die Rüben in einem Zwischenbunker gesammelt werden, sodass kein Stopp der Maschine anfiel. Die Maschine wurde von einer Person bedient.
Während der Produktionszeit wurde die Maschine laufend technisch überarbeitet, wodurch Zusatzbezeichnungen entstanden (KS-6B, KS-6B-02 usw.)
Der Rübenrodelader KS-6 war ein echtes RGW-Produkt. Die DDR produzierte die Kabine, den

Klutenzerkleinerer, den Bunker, die Querfördereinrichtung, die Rodeeinrichtung und den Steilförderer. Aus Bulgarien kam das elektronische Signalsystem. Der Zusammenbau erfolgte in der SU, die dazu das Chassis mit Motor und Kraftübertragung bereitstellte.
Die 2500. Maschine für die DDR wurde auf der »agra« 1989 übergeben. Sie hatte die Maschinennummer 53404. Das Pendant zur Blatträumung war die tschechische Maschine 6-ORCS bzw. ihre Vorgänger oder Nachfolger.

Fahrzeugart	selbstfahrende Landmaschine
Hersteller	Gemeinschaftsunternehmen SU, DDR, VRB
1. Baujahr, Bauzeit	in der DDR ab etwa 1972
Motor	Sechszylinder-Viertakt-Dieselmotor[1]
Motorenhersteller	Motorenwerk Charkow
Motorenbezeichnung	SMD-64
Bohrung x Hub (mm)	130 x 115
Hubraum (ccm)	9150
Leistung (PS/kW / U/min)	150/110,5 / 1900
Fahrantrieb	2-fach Keilriemenvariator[2]
Getriebe	mechanisches Schaltgetriebe
Geschwindigkeiten (km/h)	1,1-19,4 vorw., 3,1-7,4 rückw.[3]
Spur v/h (mm)	1830 / 2430
Reifen v/h	240-406 / 18/15-24
Arbeitsstellung Länge (mm)	6750
Breite (mm)	4820
Höhe (mm)	3700
Transportstellung Länge (mm)	6750
Breite (mm)	3250
Höhe (mm)	3900
Reihenabstand (cm)	45
Masse (kg)	9566

1 V-Form, Wasserkühlung, Direkteinspritzung, mit Turboaufladung
2 Mit hydraulischer Betätigung
3 1. Gang 1,1-2,7; 2. Gang 2,3-7,8; 3. Gang 8,1-19,4; rückwärts 3,1-7,4

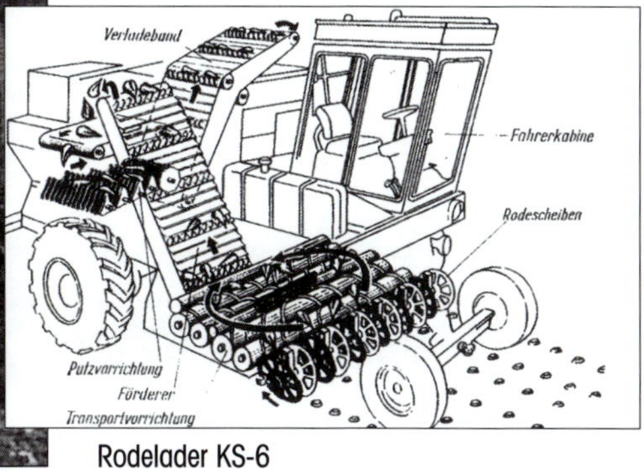

Rodelader KS-6

Maschinen zur Aussaat und Ernte von Mais

Man würde den Landwirten in der DDR bitter Unrecht tun, wenn man ihnen unterstellen würde, es hätte erst der Proklamation der »Wurst am Stängel« auf dem XX. Parteitag der KPdSU 1956 durch den seinerzeitigen Ersten Sekretär der KPdSU und Vorsitzenden des Ministerrates der UdSSR Nikita Chrustschow bedurft, um sie von der Notwendigkeit des Anbaus dieser Ackerfrucht zu überzeugen.
Fakt ist aber, dass durch die Organe von Partei und Regierung der DDR die Anregung aus dem »Freundesland« umgehend aufgegriffen und eine »Maisaktion« gestartet wurde. So wurde beispielsweise verkündet: »250 000 ha Silomais im Jahre 1958 bedeuten eine Mehrproduktion von siebenhundertfünfzig Millionen kg Milch«.
Die Verwertung des Mais erfolgt entsprechend seines Reifegrades in verschiedenen Richtungen: Als Grünmais zur sofortigen Verfütterung, als Silomais zur Erzeugung von Silage im Sinne einer Vorratshaltung und als Körnermais zur Verwertung des Korns als Futtermittel und zur menschlichen Ernährung. Der Anbau als Körnermais hatte und hat in Deutschland nur geringe Bedeutung.
Es ist ein Fakt, dass zu Beginn des ausgedehnteren Maisanbaus nicht genügend Erntetechnik zur Verfügung stand. Der Import entsprechender, in der SU vorhandener Technik war die Folge. Ebenso gab es zur Anfangszeit viele Versuche, den Engpass durch Umbau anderer Maschinen (Mähbinder, Mähdrescher) zu überbrücken.

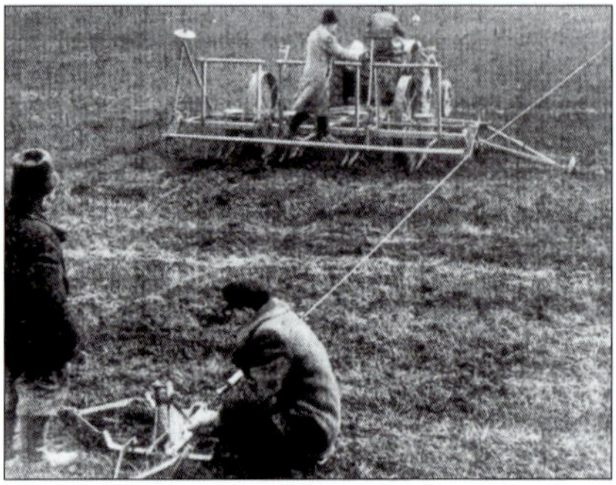

Oben: Arbeitsbild der SKGK-6W. Zu sehen ist im Vordergrund die Spannstation für den Knotendraht.
Unten: Maisdrillmaschine SKGK-6W, Vorderansicht mit hochgestellten Spurreißern.

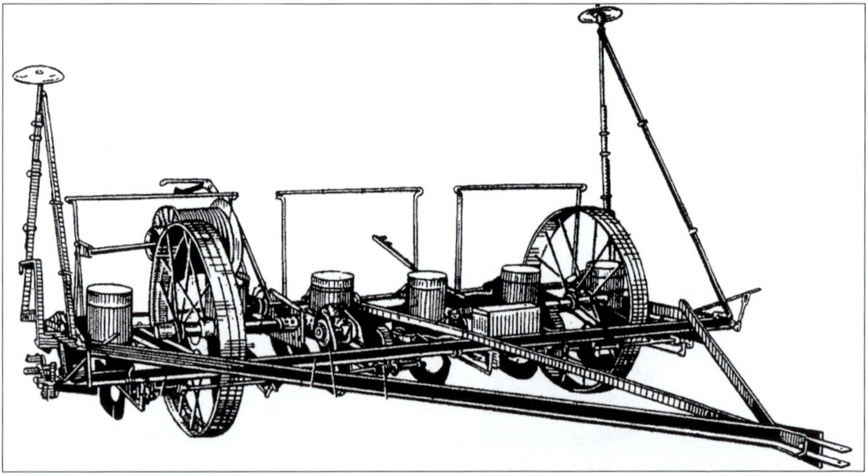

Maisdrillmaschine
SKGK-6W

Fahrzeugart	gezogene Landmaschine mit Bodenantrieb
Hersteller	nicht genau definierbar, Vereinigung Rostelmasch
1. Baujahr, Bauzeit	etwa ab 1953, in der DDR ab etwa 1956
Arbeitsbreite	sechs Reihen auf 3,6 m normal, variabel auf 4/3/2 Reihen
Nestfolge	für Mais 70 cm, auf andere Abstände einstellbar
Länge Knotendraht (m)	600
Antrieb der Säorgane	über die Laufräder der Maschine
L x B x H	4658 x 4260 x 3480 (hochgestellte Spurreißer)
Masse (kg)	1090

Die Maschine arbeitete im Dippelverfahren mit der Besonderheit, dass über einen so genannten Knotendraht ein horstweises Verlegen des Saatgutes in der Form erfolgte, dass auch rechtwinklig quer zur Drillrichtung sich die Pflanzstellen ergaben (Quadratnestpflanzung, siehe dazu auch das Arbeitsbild). Der Knotendraht musste nach jedem Umgang entlang einer Hilfslinie neu versetzt und durch ständige Kontrolle der Lage der Nester justiert werden.
An dieser Stelle sei angemerkt, dass auch im Kartoffelanbau ähnlich verfahren werden sollte. Dazu wurde aus der SU die Kartoffellegemaschine SKG-4 importiert (siehe Bild). Als Zugmittel sollte u. a. auch der Kettenschlepper KDP-35 dienen. Das Quadratnestverfahren sollte im Interesse einer effektiven Unkrautbekämpfung auch eine Querbearbeitung des Bestandes ermöglichen.
Der hohe Aufwand zum Umsetzen des Knotendrahtes und die ständigen umständlichen Lagekontrollen trugen jedoch nicht dazu bei, das Verfahren heimisch werden zu lassen. Das Verfahren wurde dahingehend vereinfacht, dass durch den Knotendraht nur noch der Ablagemechanismus ausgelöst wurde ohne die Ablage im Querverband zu berücksichtigen. Es wurden auch Versuche durchgeführt, ganz auf den Knotendraht zu verzichten und die Ablage durch Bodenantrieb zu steuern.
Insgesamt wurde diese Technik im Laufe der Zeit durch andere Systeme ersetzt. Die SKGK-6W wurde später auch in Ungarn mit der Typenbezeichnung TVD-6 in gleicher Konstruktionsform produziert. Auch diese Maschine wurde importiert.

Die ebenfalls nach dem Quadratnestverfahren arbeitende Kartoffellegemaschine SKG-4 (siehe dazu auch Einsatzbild KDP-35).

Mähhäcksler

KS-2,6

Der Mähhäcksler KS-2,6 war zur Ernte von Silomais (bis 4 m) und anderen hochwüchsigen, dickstängligen Futterpflanzen einsetzbar. Mit seiner Transportbreite von 5060 mm stellte er im öffentlichen Straßenverkehr eine erhebliche Behinderung dar. Eingeschränkt war auch das Umsetzen auf schmalen Wirtschaftswegen, bei Brücken usw. Der Einsatz musste deshalb schon bei der Bestellung hinsichtlich der Flurlage eingeplant werden. Die Umrüstzeit von Arbeits- in Transportstellung bzw. umgekehrt war relativ hoch. Wegen der nur seitlichen Beladeмöglichkeit musste angemäht werden. Auf lockeren bzw. nassen Böden und im unebenen Gelände stellte sich die Maschine wegen des Rollwiderstandes des rechten Rades quer.
Bei der Prüfung durch die Zentrale Prüfstelle wurde der Maschine das Gütezeichen »2« zuerkannt. Eine Weiterentwicklung war die Maschine KSK-2,6.

Fahrzeugart	gezogene Landmaschine, Arbeitsorgane durch Zapfwelle angetrieben
1. Baujahr, Bauzeit	etwa 1964, in der DDR ab etwa 1956
Hersteller	zum Werk keine sichere Angabe verfügbar
L x B x H (mm)	6000 x 5000 x 3000
Masse (kg)	2500
Arbeitsbreite (m)	2,6
Schnitthöhe (mm)	70-80
Schnittlänge des Häckselgutes (mm)	40-45
Leistung (ha/h)	0,9-1,7
Trommeldrehzahl (U/min)	1050

Rechts: Schneidwerksansicht des SK-2,6 mit ausgestelltem Förderband.

Rückansicht des SK-2,6 mit eingeklappten Förderband.

Maiserntemaschine

KU-2

Zur Maschine selbst konnten keine technischen Daten mehr ermittelt werden. Nach Einzelberichten war der ursprüngliche Einsatzzweck die Ernte von Körnermais. Sie war ein zapfwellengetriebenes Anhängegerät und arbeitete zweireihig, Reihenabstand 70 cm.
Vom geschnittenen Halm wurde durch eine geeignete Einrichtung der Kolben abgestreift und in einem Bunker gesammelt. Die Halme wurden zerkleinert und über ein Transportband in einen speziellen Anhänger befördert. Auch eine Variante mit Anhängetransportband zur seitlichen Beladung auf ein nebenherfahrendes Fahrzeug (modernisierte Maschine?) wird erwähnt. Der Sammelbunker für die Kolben hatte einen Inhalt von einem Kubikmeter. Einsatzversuche ergaben, dass damit auch Grünmais geerntet werden konnte. Die Kolben mussten dann aber für das Silieren gesondert zerkleinert werden.
Die Maschine wurde in der SU ab 1953 hergestellt, 1955 modernisiert als MKU-2 und später dann auch in einer dreireihigen Ausführung produziert.
Die Maschine KU-2 wurde seinerzeit mit importiert, aber bald ausgesondert.

Vollansicht der KU-2 mit Sammelwagen.

KU-2A mit Anhängeförderband zur seitlichen Ausbringung des Häckselgutes auf ein Transportfahrzeug.

Zur Produktion des Zetor-Werkes

Auf dem Betriebsgelände des heutigen Zetor-Werkes produzierten die Flugzeugmotorenwerke Ostmark bis 1945 Flugzeugzubehör für die Kriegsindustrie. Durch Luftangriffe wurde der größte Teil des Betriebsgeländes zerstört.
Unter der Leitung des Ingenieurs F. Musil wurde in der ehemaligen CSSR (= Ceskoslovenska sozialisticka republika, Tschechoslowakische Sozialistische Republik) in Zbrojovka Brno der Prototyp des Traktors Zetor 25 konstruiert. Der Name »Zetor« ist zusammengesetzt aus den Buchstaben »Zet« von Zbrojovka und den letzten beiden Buchstaben von »Traktor«.
Bis 1961 wurden fast 159.000 Traktoren der Modelle Zetor 25A und Zetor 25K hergestellt. Maschinen dieses Typs sind nur vereinzelt in die DDR gekommen. Dagegen hat Polen größere Mengen bezogen, 1955 waren es schon über 10 000 Stück.
Die Produktion des Zetor 25 wurde schließlich nach Lisen verlegt, in Zbrojovka Brno erfolgte von nun an die Fertigung der Modelle Zetor 35 »Super« und Zetor 42/50 »Super«. Ab 1968 wurden in Zbrojovka nur noch Motoren gefertigt. Zetor betrieb stets eine intensive Modellpflege, was sich in der Fertigung so genannter »Generationen« ausdrückte. Im Jahre 1968 begann mit der Serienproduktion des Schleppers »Crystal« die Zusammenarbeit mit dem polnischen Werk »Ursus«. Ab 1981 wurde die Entwicklung und die Traktorenproduktion unter der Regie des Staatsunternehmens ZTS Martin (Schwermaschinenbaubetrieb) durchgeführt.

Einer der wenigen Zetor 25, die in die DDR gekommen sind. Er steht im Freiluftmuseum Hohenfelden bei Erfurt.

Zetor »Super« 1701

Die Bezeichnung Zetor »Super« 1701 wurde im Allgemeinen nicht angewandt. Umgangssprachlich war es der »Zetor 42«, einfach seiner Leistung wegen so genannt. Der Motor hatte eine Trockensumpfschmierung. Eine Doppelzahnradpumpe saugte mit der einen Pumpenseite das Öl aus der Ölwanne und drückte es über zwei hintereinander angeordnete Filter in einen auf der rechten Motorseite befindlichen Behälter. Die zweite Pumpenhälfte saugte daraus das gereinigte Öl ab und führte es unter Druck den Lagerstellen zu. Durch den Öltank erhielt der Motor ein charakteristisches Aussehen. Relativ neu für die damalige Zeit war der eingebaute Drehzahlmesser.

Fahrzeugart	Radtraktor, Blockbauweise
Hersteller	ZAVODY JANA SVERMY NARODNY PODNIK BRNO
1. Baujahr, Bauzeit	ab etwa 1957 in der DDR
Motorenhersteller	Traktorenwerk Brno
Motorenbauart	Vierzylinder-Viertakt-Dieselmotor[1]
Motorenbezeichnung	Zetor-Super, System OHV
Bohrung x Hub (mm)	105 x 120
Hubraum (ccm)	4160
Leistung (PS/kW / U/min)	42/30,9 / 1500
Antrieb	Hinterradantrieb
Getriebe	5-Gang Schieberad[2]
Fahrgeschwindigk. (km/h)	3,92-24,00 vorw., 3,90 rückw.
Reifen v/h	6.00-20 / 13.00-28
Spur v/h (mm)	einstellbar 1200-1760 / 1280-1760
Radstand (mm)	2100
Lenkung	Achsschenkellenkung als Einzelradlenkung
Bremsen, Feststell-	mechanische Außenband[3]
Bremsen, Betriebs-	mechanische Innenbacken[4]
Riemenscheibe (Ø mm, U/min)	300, 975[5]
Zapfwelle (U/min)	540[6]
Hydraulik	Dreipunkt[7]
L x B x B (mm)	3430 x 1840 x 2210[8]
Masse (kg)	3625

Oben: Detail eines Zetor »Super«. Der Öltank ist unter dem Anlasser zu sehen. Die Riemenscheibe ist abgebaut.

Unten: Zetor »Super«. Gut zu sehen sind die Riemenscheibe und der Ölbehälter für die Trockensumpfschmierung.

1 Reihe, Wasserkühlung, Direkteinspritzung, Elektrostarter
2 Als Sonderausrüstung gab es ein Zusatzgetriebe für Kriechgänge, das dem eigentlichen Getriebe vorgeschaltet und durch einen zusätzlichen Schalthebel betätigt wurde. Der 5. Gang wurde dabei gesperrt. Erreichbare Geschwindigkeiten: 0,95-5,90 vorw., 0.95 rückw.
3 Handbremse wirkt als mech. Außenbandbremse auf Getriebe-Bremstrommel
4 Fußbremse wirkt als mechanische Innenbackenbremse auf Getriebe-Bremstrommel, Unterstützung der Lenkung durch Einzelradbremsung
5 Normalausrüstung, seitlich rechts angebracht
6 Hinten, fahrkupplungsabhängig
7 Sonderausrüstung, mit hydraulischer Betätigung, Verteiler für freie Arbeitszylinder
8 Oberkante Auspuff, ohne Fahrerhaus

Zetor 50 »Super«

Der Traktor Zetor 50 »Super« war die Weiterentwicklung des Zetor «Super«, umgangssprachlich nur einfach »Zetor 50« genannt. Sein Einsatzbereich war die Bodenbearbeitung, Bestellung, Ernte und der Transport.
Günstig für den Einsatz mit zapfwellengetriebenen Anhängegeräten war der durch eine Doppelkupplung fahrkupplungsunabhängige Einsatz derselben.
Mit dem Prüfbericht Nr. 11 des Institutes für Landtechnik Potsdam-Bornim erhielt die Maschine das Prädikat »bedingt geeignet für die Landwirtschaft der DDR«. Diese Bewertung wurde gestützt durch Praxiseinsätze, bei denen Mängel zutage traten. Es kann angenommen werden, dass durch diese Einschätzung auch der Import beeinflusst wurde, zumal mit dem MTS-5 eine andere Maschine zum Einsatz kam, die das Prädikat »geeignet« bekommen hatte. Für ständige Transportarbeiten konnte der Zetor 50 »Super« mit einer Druckluftbeschaffungsanlage für Anhänger ausgerüstet werden.

Fahrzeugart	Radschlepper, Blockbauweise
Hersteller	Traktorenwerk Brno
1. Baujahr, Bauzeit	in der DDR etwa ab 1959
Motorenhersteller	Traktorenwerk Brno
Motorenbauart	Vierzylinder-Viertakt-Diesel[1]
Motorenbezeichnung	Zetor System OHV
Bohrung x Hub (mm)	105 x 120
Hubraum (ccm)	4160
Leistung (PS/kW / U/min)	50/36,8 / 1650
Antrieb	Hinterradantrieb
Getriebe	mechanisches Schaltgetriebe[2]
Fahrgeschwindigk. (km/h)	1,2-27,8 vorw., 1,18-4,84 rückw.
Reifen v/h	6.50-20 AS Front / 14-28 AS
Spur v/h (mm)	verstellbar 1280-1600 / 1440-1760
Radstand (mm)	2230
Bremsen, Feststell-	mechanische Außenbacken
Bremsen, Betriebs-	mechanische Innenbacken[3]
Riemenscheibe (Ø mm, U/min)	250, 1147[4]
Zapfwelle (U/min)	540
Hydraulik	Kraftheber, Dreipunkt
L x B x H (mm)	3570 x 2310 x 2460[6]
Masse (kg)	3656

1 Reihe, Wasserkühlung, Direkteinspritzung, Elektrostart
2 Zwei Gruppen, vier Vorwärtsgänge, ein Rückwärtsgang
3 Durch geteiltes Bremspedal als Lenkbremse nutzbar
4 Sonderausrüstung, über Zapfwelle angetrieben
5 Hinten, fahrkupplungsunabhängig
6 H = Oberkante Fahrerkabine

Zetor 50 »Super«.

Zetor 5011

In die DDR kam der Zetor 5011 wohl ausschließlich mit einem Sicherheitsfahrerhaus, das beheizbar und belüftbar war. Zur Ausstattung gehörten auch elektrische Kraftstoffanzeige, Drehzahlmesser mit Motorstundenzähler. Sonderausstattungen gab es auf Wunsch.
Der Motor 5001 war serienmäßig mit einem Kompressor ausgerüstet.
Ein speziell entwickelter Frontlader machte die Maschine gut geeignet für den Einsatz auf dem Hof und im Stall.

Fahrzeugart	Radtraktor, Blockbauweise
Hersteller	Zetor Brno
1. Baujahr, Bauzeit	ab etwa 1980
Motorenhersteller	Zetor Brno
Motorenbauart	Dreizylinder-Viertakt-Diesel[1]
Motorenbezeichnung	Zetor 5001, auch Angaben 4901 und 4904
Bohrung x Hub (mm)	102 x 110
Hubraum (ccm)	2690
Leistung (PS/kW / U/min)	46,5/34,2 / 2200
Antrieb	Hinterradantrieb
Getriebe	Zweigruppengetriebe, 5+1 Gänge
Fahrgeschwindigk. (km/h)	1,04-23,58 / 1,35 und 5,70
Reifen v/h	6.00-16 / 12,4/11-28 AS, auch andere Abmessungen
Spur (mm) vorn	Standard 1375, verstellbar 1280 bis 1750
Spur (mm) hinten	Standard 1350, verstellbar 1350 bis 1800
Radstand (mm)	2025
Bremsen, Feststell-	mechanisch[2]
Bremsen, Betriebs-	hydraulisch[3]
Riemenscheibe	Sonderausrüstung[4]
Hydraulik	Dreipunkt mit drei Reglungsarten
L x B x H (mm)	3430 x 1665 x 2375[5]
Masse (kg)	2520

[1] Reihe, Wasserkühlung, Direkteinspritzung, Kompressor, Elektrostart
[2] Außen auf Bremstrommel wirkend
[3] Als Lenkbremse nutzbar, Luftdruckbremsanlage für Anhänger
[4] Antrieb über Zapfwelle über fünfte Schaltstufe
[5] H = Oberkante Auspuff

Zetor 5011 mit Frontlader.

Zetor 5211 / Zetor 5245

Die mechanische Lenkung dieser Zetor-Modelle konnte mit einem Hydromechanismus versehen werden. In Anhängerbetrieb konnten dafür vorgesehene Anhängegeräte über eine Einleiter-Druckluft-Bremsanlage bedient werden.

Oben: Zetor 5245; Unten: Zetor 5211.

Fahrzeugart	Radtraktor, Blockbauweise
Hersteller	Zetor Brno
Motorenhersteller	Zetor Brno
Motorenbauart	Dreizylinder-Viertakt-Dieselmotor[1]
Motorenbezeichnung	Zetor 5201
Bohrung x Hub (mm)	102 x 110
Hubraum (ccm)	2696
Leistung (PS/kW / U/min)	45/33 / 2200[2]
Antrieb	Hinterrad, 5245 mit zus. Vorderrad
Getriebe	mechanisches Stufengetriebe[3]
Fahrgeschwindigk. (km/h)	1,07-24.00 / 1,36 und 5,89
Reifen vorn	6.50-16, Allrad 9.50-24
Reifen hinten	12,4-32, Allrad 14.9-28
Spur v/h (mm)	1280-1750 / 1350-1800[4]
Radstand (mm)	2133
Bremsen, Feststell-	mechanische Bandbremse
Bremsen, Betriebs-	hydraulische Backenbremse[5]
Zapfwelle (U/min)	540 und 1000[6]
Hydraulik	Dreipunkthydraulik[7]
L x B x H (mm)	3666 x 1850 x 2510
Masse (kg)	2769

1 Reihe, Wasserkühlung, Direkteinspritzung, Elektrostart
2 Die Leistungsangaben sind immer ein Problem. Vorstehende wurde dem Prüfbericht Nr. 39 von Potsdam-Bornim entnommen. Im Gegensatz zum 5001 (Prospektangabe) erscheint sie niedrig.
3 Zwei Gruppen mit je 5+1 Gängen. In Sonderausführung konnte die Maschine auch mit einem Drehmomentverstärker (unter Last schaltbares Reduziergetriebe) geliefert werden. Da der Drehmomentwandler voll belastbar war, verdoppelte sich dadurch die Anzahl der nutzbaren Geschwindigkeiten.
4 Nicht verstellbar bei Allrad
5 Für Einzelradbremse doppeltes Fußpedal
6 Hinten, fahrkupplungsunabhängig
7 Mit Lage-, Kraft- und Mischreglung, Zusatzsteuergerät einfach- und doppelt wirkend

Zetor 7245 H

Der Zetor 7245 H war die vierradgetriebene Modifikation des Basismodells Zetor 7211 mit besonderer Eignung für den Einsatz im hängigen Gelände. Diese Eignung ergab sich mit aus der spezifischen Bereifung (großvolumig). Vorhanden war ein Hangneigungsmess- und Warnsystem. Der Vorderachsantrieb war abschaltbar. Eine hydraulische Lenkhilfe verminderte die Lenkkräfte. Eine Druckluftbremsanlage für Anhänger war vorhanden.
1989 erfolgte eine Lieferung von 50 Stück, 1990 waren 45 Stück vorgesehen.

Fahrzeugart	Radtraktor, Blockbauweise
Hersteller	Zetor Brno
Motorenhersteller	Zetor Brno
Motorenbauart	Vierzylinder-Viertakt-Dieselmotor[1]
Motorenbezeichnung	Zetor 7201
Bohrung x Hub (mm)	102 x 110
Hubraum (ccm)	3595
Leistung (PS/kW / U/min)	63/46 / 2200
Antrieb	Hinterrad mit zus. Vorderrad
Getriebe	teilsynchronisiert[2]
Fahrgeschwindigk. (km/h)	1,54-23,11[3]
Reifen v/h	9.5-24 AS 8PR / 21.3-24 AS 10 PR
Spur v/h (mm)	1790 / 1720
Radstand (mm)	2210
Bremsen	hydraulische Betriebsbremse
Zapfwelle hinten (U/min)	540
Zapfwelle vorn (U/min)	1000[4]
Hydraulik hinten	Dreipunkt[5]
Hydraulik vorn	ohne Regelung
L x B x H (mm)	4490 x 2275 x 2790[6]
Masse (kg)	3835 ohne Ballast

[1] Reihe, Wasserkühlung, Direkteinspritzung, Elektrostart
[2] Zwei Gruppen mit je 10+2 Gängen, mit Drehmomentverstärker
[3] Mit Drehmomentverstärker 1,17-17,59
[4] Beide Zapfwellen motorgebunden und fahrkupplungsunabhängig
[5] Mit Zugkraft-, Lage- und Mischregelung
[6] L = mit Anbausystemen

Zetor 7245 H. Zu sehen ist das Frontanbausystem.

Die Nachbauten der ehemaligen Lubo-Fräse der Fa. Ludäscher, Hainichen/Sa., die Typen IFA 20 und IFA 22, waren überaltert und befriedigten nicht mehr in ihrer Ausführung.
Der bei einer Erstvorstellung auf der Landwirtschaftsausstellung in Leipzig-Markkleeberg 1956 viel Aufmerksamkeit und Interesse hervorrufende Einachsschlepper ES 19 als Neuentwicklung der Fahrzeugindustrie der DDR (es war auch schon eine Modifikation ES 20 im Gespräch) wurde schon in der Phase der Nullserienproduktion auf Eis gelegt.
Der Einachsschlepper »Faktotum« der Fa. Manhardt, Wutha, kam in der Ursprungsversion nicht recht zum Zug. (Die seinerzeit noch private Firma sah sich mit den für solche Firmen üblichen Schwierigkeiten bei der Weiterführung durch den Inhaber konfrontiert). Die Maschine erlebte aber doch ab 1968 eine Renaissance als ET 081. Es wurden davon 6250 Exemplare gebaut.
Es bestand also eine echte Nachfrage, besonders seitens der Gärtnereibetriebe, nach solch einem Mechanisierungsmittel. Diese Nachfrage musste zwangsläufig durch Importe gedeckt werden.
In der CSSR hatte sich dafür schon bald eine entsprechende Industrie etabliert. Deshalb erfolgte auch ein reger Import solcher Maschinen aus diesem RGW-Land.
Die ursprünglichen Typen Einachsschlepper PF-6 (PF-62) und M-6 wurden im Laufe der Jahre abgelöst durch einen vierrädrigen Kleinschlepper, beginnend mit der Bezeichnung T-4-K10. Die kontinuierliche Weiterentwicklung führte dann in mehreren Konstruktionsstufen hin zum TZ-4-K-14C. Diese beliebte Maschine wurde dann ersetzt durch eine MT-8-Baureihe.
Nachstehende Importzahlen sind bekannt: M-6 400 Stück, PF-6 80 Stück, T-4-K- und MT-8-Baureihe 3170 Stück.

Einachsschlepper

PF-6 »Motorobot«

Zur Verfügung standen 12 Anbaugeräte. Für schwere Arbeiten (z.B. Pflügen), bei denen das Adhäsionsgewicht nicht ausreichte, konnten zusätzliche Belastungsgewichte an den Rädern angebracht werden.
Neben dem Einachsplattformanhänger zur Lastenbeförderung mit einer Ladefläche von 2100 x 1500 mm war die »Anbaukarre« ein

Rechts: Einachsschlepper »Motorobot« PF-6 mit Anbauwechselpflug.

Rechts unten: Sitzkarren zum PF-6.

Unten: PF-6 mit Erdlochbohrer.

interessantes Zusatzgerät. Sie konnte vom Bedienungsmann als Sitzgelegenheit beim Standortwechsel unter Ausnutzung der Geschwindigkeit von 8 km/h genutzt werden. Sie hatte eine einfache Kupplungsmöglichkeit, um einen kleinen Anhänger zum Transport von Zusatzgeräten einsetzen zu können.
Der Motor wurde vom Betrieb Slavia Napajedla hergestellt.
Die Kühlung erfolgte durch einen Radiallüfter, der durch Keilriemen vom vorderen Kurbelwellenende her angetrieben wurde.

Fahrzeugart	Einachsschlepper
Motorenbauart	Zweitakt-Vergasermotor[1]
Motorenbezeichnung	1 D 80
Leistung (PS/kW / U/min)	6/4,4, 2300
Getriebe	drei Vorwärtsgänge[2]
Reifengrößen	Luftreifen 6.99-16, Stahlräder 470 und 680 mm Ø
Triebwerk	Blockbauweise[3]

1 Drehschiebergesteuert, Luftkühlung
2 3,5-8,0 km/h mit Luftreifen, 2,1-2,7 km/h mit Stahlrädern
3 Motor und Getriebe in Blockbauweise, Einscheibentrockenkupplung, Ausgleichsgetriebe

T-4-K10

Wie schon dargelegt, begann die Baureihe T-4-K mit dem T-4-K10. Sie wurde laufend konstruktiv überarbeitet, wobei insbesondere die Motorleistung gesteigert wurde. Auch andere Bauelemente wurden entsprechend den gewonnenen Einsatzerkenntnissen überarbeitet. Die äußere Grundform blieb dabei im Wesentlichen erhalten. Charakteristisch ist, dass die Maschinen immer ohne Fahrerhaus bzw. Wetterschutz liefen.
Die Konstruktion des T-4-K10 wurde vom Motorobot M-6 abgeleitet. Beide Radachsen hatten eine Abschaltvorrichtung des Radantriebes, um den Traktor auch für stationären Antrieb einsetzen zu können. Die Gelenkverbindung, beiderseitiger horizontaler Ausschlag von 45°, ließ auch einen vertikalen Ausschlag von +/- 15° zu.

Fahrzeugart	Radtraktor, Blockbauweise
Hersteller	Agrostroj Prostejov
Motorenbauart	Einzylinder-Zweitakt-Diesel[1]
Motorenbezeichnung	1 D 90
Bohrung x Hub (mm)	90 x 104
Hubraum (ccm)	660
Leistung (PS/kW / U/min)	10/7,3 / 2000
Antrieb	Vierrad
Getriebe	Wendegetriebe, 4 Gang
Fahrgeschwindigk. (km/h)	2,32-16,45 / 1,77-12,70
Reifen	6.00-16
Spur (mm)	700-1000, stufenlos
Radstand (mm)	1200
Lenkung	Knicklenkung
Bremsen	mechanisch[2]
Zapfwelle (U/min)	750[3]
Hydraulik	Dreipunkt, einfachwirkend
L x B x H (mm)	2560 x 1160 x 1360
Masse (kg)	825

[1] Stehend, Luftkühlung, Elektrostart
[2] Feststellbremse auf beide Vorder-, Betriebsbremse auf beide Hinterräder wirkend
[3] Hinten mittig, motor- und getriebegebunden, fahrkupplungsabhängig

T-4-K10 mit Einachsanhänger als Lieferfahrzeug.

TZ-4-K14C

Elf Zusatzgeräte ermöglichten den Einsatz des Traktors in allen Bereichen der landwirtschaftlichen Kleinproduktion und in der Industrie. Solche Geräte waren unter anderen: einachsiger Kippanhänger, Anbau-Winkeldrehpflug, Anbau-Mähwerk, Räumschild und Anbaukehrmaschine. Der kleine Wenderadius von 1.9 m und die geringe Höhe des Traktors gestatteten den Einsatz auch in Bereichen, in denen die Arbeit mit normalen Traktoren nicht bewältigt werden konnte.

Fahrzeugart	Radtraktor, Blockbauweise
Motorenbauart	Einzylinder-Zweitakt-Dieselmotor[1]
Motorenbezeichnung	1 D 90TA
Leistung (PS/kW)	14/10,3
Antrieb	Vierradantrieb
Getriebe	Wendegetriebe, 4-Gang
Fahrgeschwindigk. (km/h)	2,32-16.45 vorw., 1,77-12,70 rückw.
Reifen	6.00-16 AS
Spur (mm)	700-1000, stufenlos verstellbar
Radstand (mm)	1200
Lenkung	Knicklenkung
Bremsen	mechanisch[2]
Zapfwelle	hinten mittig[3]
Hydraulik	Dreipunkt-Anbausystem
L x B x H (mm)	2750 x 1170 (max.) x 1300
Masse (kg)	875

1 Stehend, Luftkühlung, Elektrostart
2 Feststellbremse auf Vorder-, Betriebsbremse auf Hinterräder wirkend
3 Motor- und getriebegebunden, fahrkupplungsabhängig

Links: TZ-4-K12. Die Frontansicht ist etwas abweichend von der der anderen Ausführungen. Unten: TZ-4-K14C.

Kleintraktor MT8-050

Der MT8-050 (wie auch der stärkere MT8-065, der nach vorliegenden Erkenntnissen nicht importiert wurde) war dafür konzipiert, mit entsprechenden Arbeitsgeräten auf kleinen, unregelmäßigen und schwer zugänglichen Flächen (zulässiger Hangneigungswinkel 12°) in Weinbergen, Obstplantagen, Baumschulen, Gartenbau- und Gemüseanbaubetrieben, kommunalen Dienstleistungsbetrieben und im innerbetrieblichen Transport eingesetzt zu werden. Schnellkupplungen ermöglichten ein rasches Ankoppeln der Arbeitsgeräte. Der Traktor war mit einer Sicherheitsfahrerkabine ausgerüstet.

Fahrzeugart	Kleintraktor
Hersteller	Agrozet Prostejov
Motorenbauart	Zweizylinder-Viertakt-Dieselmotor[1]
Motorenbezeichnung	2 S 90A
Leistung (PS/kW / U/min)	15/11 / 2700
Antrieb	Vierrad
Getriebe	mechanisch, 4-Gang[2]
Arbeitsgeschw. (km/h)	1,2-4,9
Transportgeschw. (km/h)	5,7-24
Reifen	7.50-16
Spur (mm)	900, 975, 1050, 1125
Radstand (mm)	1350
Lenkung	mechanische Vorderradlenkung
Bremsen, Feststell-	mechanisch
Bremsen, Betriebs-	hydraulisch, Scheibenbremse
Zapfwelle (U/min)	vorn und hinten, 540 und 1000
Hydraulik	Dreipunkt vorn und hinten[3]
L x B x H (mm)	2635 x 1325 (max.) x 1900
Masse (kg)	1080

1 Stehend, Luftkühlung, Elektrostart
2 Mit Untersetzungs- und Reversiergetriebe
3 Ein Innen- und drei Außenkreise

Links oben: Seitenansicht des MT8-050 mit Frontanbausystem.

Links: MT8-050 mit Einachskippanhänger.

Bodenbearbeitungssystem »Terra«

Fahrzeugart	Bodenbearbeitungssystem
Bohrung x Hub (mm)	56 x 50
Hubraum (ccm)	123
L x B x H (mm)	1550 x 500 x 870
Masse (kg)	27

Die Motoreinheit MI 5 ist die Energiequelle und Grundmaschine für den Antrieb des »Terra«-Bodenbearbeitungssystems. Der Motor ist ein liegender, luftgekühlter Einzylinder-Zweitaktmotor mit einer Leistung von 3,7 kW (5 PS) bei 5400 U/min. Am oberen Teil des Kurbelgehäuses ist der Kraftstoffbehälter befestigt, der gleichzeitig die Haube des Motors bildet. Am unteren Teil des Kurbelgehäuses ist ein Zwischenflansch angeschraubt, an dem ein Zwischenstück mit zwei Schnellkupplungen befestigt wird. Im Zwischenflansch befindet sich die Fliehkraftkupplung. Im Kühlmantel ist der pneumatische Drehzahlbegrenzer eingebaut, der, wenn der Motor entlastet wird, die Vergaserklappe schließt und dadurch die Beschleunigung des Motors auf unzulässig hohe Drehzahlen verhindert. Die Lenkholme sind am Motor befestigt und nach den Seiten und in der Höhe verstellbar. Der Motor kann in zehn Sekunden von einer Maschine auf die andere umgesetzt und mit Schnellspannern befestigt werden.

Zum System gehörten: Einachsanhänger, Rotationsrasenmäher, Räumschar, Zinkenegge, Zinkengrubber, Drehpflug, Hackaggregat, Mähwerk.

Triebwerk des Bodenbearbeitungssystems »Terra«.

Rasenmähmaschine

MF-70

Die Rasenmähmaschine MF-70 wurde von der Firma Agrostroj Jicin, Werk Libice nad Cidlinou, in Lizenz der Firma Gutbrod hergestellt. Die Rasenmähmaschine wurde ab 1971 importiert. Als Triebwerk diente ein luftgekühlter Zweitakt-Benzinmotor mit Schwungmagnet und einer Leistung von 5 kW (6,8 PS) mit einem Zweiganggetriebe mit Rückwärtsgang. Der Motor wurde per Anreißleine gestartet.

Fahrzeugart	Rasenmähmaschine
Bohrung x Hub (mm)	67 x 62
Hubraum (ccm)	218
Arbeitsdrehzahl (U/min)	1800-3820
L x B x H (mm)	1900 x 1420 x 1010 (mit Mähwerk)
Masse (kg)	180 (mit Mähwerk)

Seitenansicht der Rasenmähmaschine MF-70.

Beregnungsaggregat
IRIS 2350-DPZ

Einsatzgebiet des Beregnungsaggregates war die Förderung von Klarwasser und leicht verschmutzten Wasser auf landwirtschaftliche Nutzflächen. Ein Aggregat konnte 55 ha beregnen. Der Dieselmotor war durch eine Lammellenkupplung und ein Zahnradgetriebe mit der einstufigen Zentrifugalpumpe verbunden. Das aus Profilstahl hergestellte Fahrgestell war einachsig und luftbereift.
Das Aggregat war voll verkleidet und mit einem Dieselwächter ausgerüstet, der bei Störungen durch Unterbrechung die Kraftstoffversorgung aussetzte.

Fahrzeugart	Beregnungsaggregat
Antriebsmotor	Zetor 8001, Drehzahl gedrosselt
Bohrung x Hub (mm)	110 x 120
Hubraum (ccm)	4562
Leistung (PS/kW / U/min)	65/48 / 1800
Kreiselpumpe	Typ NOZ
Durchsatz (cbm/h)	141
Förderhöhe (m)	73
Saughöhe (m)	5,8
Drehzahl (U/min)	2925
Leistungsbedarf (PS/kW)	56/41
Wirkungsgrad	70 %
L x B x H (mm)	3700 x 1160 x 1550
Masse (kg)	1200

Beregnungsaggregat IRIS 2350-DPZ.

Kartoffellegemaschine
6-SAD-75

Seit 1964 wurden in der CSSR Kartoffellegemaschinen in Großserie produziert. Der Betrieb Agrozet Prostejov wurde dafür profiliert. Bedeutendster Abnehmer war die Landwirtschaft der DDR. Weitere bedarfsdeckende Lieferungen gingen nach Polen und Rumänien.
Die Kartoffellegemaschine 6-SAD-75 war zum Legen von keimgestimmten und unbehandelten fraktionierten Pflanzkartoffeln bis zu 60 mm Quadratmaß einsetzbar.
Gegenüber der Vorgängermaschine 6-SaBPD-75 war zur Vergrößerung der Reichweite eine Kippmulde zur Bevorratung angebracht, die, hydraulisch gekippt, die Legeeinheiten füllte.
Der zentrale Rahmen wurde von zwei luftbereiften Rädern getragen. Der Antrieb der Legeeinheiten erfolgte zentral über ein Bodenrad. Die Legeabstände konnten über ein Schaltgetriebe eingestellt werden (20 bis 29 cm, durch zusätzlichen Kettenradwechsel 26 bis 39 cm, in Stufen von 2 bis 4 cm). Das ergab eine theoretische Pflanzenzahl von 34.000 bis 66.000 je Hektar.
Beim Transport wurde die Maschine in Längsrichtung gezogen.
Hauptimportzeit waren die 80er Jahre. 3290 Maschinen wurden importiert.

Oben: Kartoffellegemaschine 6-SAD-75, Vorderansicht.

Unten: Maschine in Transportstellung.

Fahrzeugart	Kartoffellegemaschine
Reihenzahl	6
Reihenabstand (cm)	75
Legetiefe (cm)	4-12
Arbeitsgeschw. (km/h)	4-7
Masse (kg)	2995
Transportbreite (mm)	2860
Transportlänge (mm)	7970
Transporthöhe (mm)	3730
Transportgeschwindigkeit max. (km/h)	30
Breite in Arbeitsstellung (mm)	7480
Länge in Arbeitsstellung (mm)	3620
Fassungsvermögen der Kippmulde (t)	3,0-3,5
Hangeinsatzgrenze (%)	8

Selbstfahrender

Rübenköpflader 6-ORCS

Der Köpflader 6-ORCS mit Putzer diente zum Köpfen von Zuckerrüben in sechs Reihen bei einem Reihenabstand von 45 bis 50 cm. Das abgeschnittene Rübenblatt wurde auf ein nebenherfahrendes Transportmittel übergeben.
Die Köpfeinrichtung bestand aus aktiven Tastern und passiven, ziehenden Messern. Tasttrommel und Messer waren über ein Viergelenk verbunden. Die Größe der abzuschneidenden Köpfe konnte durch eine Stellschraube verändert werden.
Am Ende des Wagenförderers befand sich eine durch einen Hydromotor angetriebene Messerwelle zur Zerkleinerung der abgeschnittenen Köpfe zur zusätzlichen Kompaktierung.
Hauptimportzeit war Mitte der 70er bis Mitte der 80er Jahre. Importiert wurden rund 1600 Maschinen.
Nachfolger waren die Rübenköpflader SC 1-033 und SC 1-04.

Oben: Rübenköpflader 6-ORCS.

Unten: Arbeitsbild des Rübenköpfladers.

Fahrzeugart	Selbstfahrender Rübenköpflader
Motor	Vierzylinder-Dieselmotor
Nennleistung (PS/kW)	80/59
Triebsatz	vom Schlepper Zetor 8011
Getriebe	Zwei Gruppen mit je 4 Vorwärts- und 4 Rückwärtsgängen
Fahrgeschw. (km/h)	2,2-23,3
Arbeitsgeschw. (km/h)	9,0
Bereifung vorn	6.50-16
Reifen hinten	9-42
Transportstellung L x B x H (mm)	8920 x 3550 x 3850
Arbeitsstellung L x B x H (mm)	8920 x 6100 3850
Masse (kg)	7760

Etwas zur Geschichte des Ursus-Werkes

Die Geschichte des Ursus-Werkes beginnt 1893 in Warschau, als die Ingenieure Emil Schönfeld, Kazimierz Matecki und Ludvik Rosman und die Unternehmer Ludvik Fijalkowski, Stanislaw Rostkowski, Aleksander Radzikowski und Karol Strassburger eine Spezialarmaturenfabrik gründeten. Als Startkapital verwendeten die sieben Familienväter die Mitgift ihrer Töchter.
Vor allem Armaturen für die Zuckerindustrie ` bestimmten einige Zeit das Produktionsprofil. Hinzu kamen dann Armaturen für weitere Lebensmittelbetriebe, für Zentralheizungen und Wasserleitungen, sowie andere Spezialausrüstungen.
Im Jahr 1902 wurde der Betrieb wesentlich erweitert und der Bau von Verbrennungsmotoren in das Programm aufgenommen. In dieser Zeit erhielt das Werk auch den Namen »Ursus« in Anlehnung an den Roman »Quo vadis« von Sienkiewicz. In den 20er und 30er Jahren produzierte man neben Motoren vor allem Lastkraftwagen, Omnibusse, Kräder, Zugmaschinen und später auch Panzerfahrzeuge. 1918 wurde der Prototyp des ersten Ursus-Schleppers. mit 23 PS vorgestellt, der 1922 in Serie ging.
Finanzielle Schwierigkeiten anfangs der 30er Jahre führten zur Verstaatlichung. Das Unternehmen firmierte nunmehr unter »Staatliche Ingenieurwerke Ursus« (PZI).
Während des Zweiten Weltkrieges wurde das Werk weitläufig zerstört. Nach 1945 wurde das Werk wieder aufgebaut. Fortan widmete man sich vorrangig dem Bau von Traktoren.
Am 1. Mai 1947 verließ der erste Nachkriegs-Ursus die Montagehalle. Es war der C-45 mit einem liegenden Einzylinder-Zeitaktmotor. Ein Vorläufer war der LB-45. Beide Typen hatten den Lanz-Bulldog als Vorbild. Im ersten Fertigungsjahr wurden 130 Maschinen gebaut. Bis 1957 entstanden zirka 6000 Traktoren.
Von Bedeutung für das Werk war das 1962 getroffene Regierungsabkommen zwischen der CSSR und der VRP (Volksrepublik Polen, Polska Reczpospolita Ludowa), in dem beschlossen wurde, gemeinsam Traktoren zu entwickeln und zu bauen. Ein Jahr später entstand das entsprechende gemeinsame Forschungs- und Entwicklungswerk in Brno.
Der erste gemeinsame Traktor war eine 85-PS-Maschine mit einem in der CSSR produzierten

Der Ursus C-45.

Motor. Der Traktor erhielt in Polen die Bezeichnung Ursus C-385 und in der CSSR die Bezeichnung »Zetor-Crystal«.
1974 schloss Ursus einen Lizenzvertrag mit der Firma Massey-Ferguson Ltd. ab, dem später ein gleicher Vertrag mit der Firma Perkins folgte. (Gegenstand dieses zweiten Vertrags war z.B. der Dreizylinder-Motor AD 3.152, vorwiegend für Traktoren verwendet. Er kam aber auch zum Einsatz im Transporter Tarpan D 239 des Werkes für landwirtschaftliche Fahrzeuge FSR Posnan).
Der Einsatz von Ursus-Traktoren in der DDR erfolgte eher verhalten. Nach einer Pressemitteilung von 1986 befanden sich zu diesem Zeitpunkt 150 Ursus-Traktoren im Land, davon allein in der LPG »Thomas Müntzer« rund 70(!) Stück.

Ursus C-335

Zum C-335 gab es einen Frontlader mit Schüttgutschaufel, Zinkengreifer für Stalldung, Schiebeschild, Verlängerungsstück zum Ausleger mit Lasthaken, Universalgreifer. Als Sonderausrüstung konnte auch eine Fahrerkabine geliefert werden.

Fahrzeugart	Radtraktor, Blockbauweise
Hersteller	Zaklady Mechaniczne Ursus
Motorenhersteller	Zaklady Mechaniczne Ursus
Motorenbauart	Zweizyl.-Viertakt-Dieselmotor[1]
Motorenbezeichnung	S-1312 C
Bohrung x Hub (mm)	102 x 120
Hubraum (ccm)	1960
Leistung (PS/kW / U/min)	35 SAE / 26 / 2200
Antrieb	Hinterrad
Getriebe	mechanisches Schaltgetriebe[2]
Fahrgeschwindigk. (km/h)	1,87-5,79 / 4,57- 23,44 / 1,57 u. 6,36
Reifen vorn/hinten	6.00-16 / 12.4/11-28 oder 9.5/9-32
Spur (mm) vorn	1250, 1350, 1500, 1750
Spur (mm) hinten	1250, 1350, 1400, 1500, 1600,1700, 1750, 1800
Radstand (mm)	1920
Bremsen	mechanische Fußbackenbremse[3]
Riemenscheibe (Ø mm, U/min)	220, 1375 (Sonderausrüstung)
Zapfwelle (U/min)	540[4]
Hydraulik	Dreipunktsystem[5]
L x B x H (mm)	3080 x 1590 x 1990
Masse (kg)	1700 (minimal)

1 Reihe, Wasserkühlung, Direkteinspritzung, Elektrostart
2 Mit Untersetzungsvorgelege, insgesamt 6 Vorwärts- und 2 Rückwärtsgänge
3 Handfeststellbremse mit Ratsche, Druckluftanlage für Anhänger als Sonderausrüstung
4 Motorgebunden, Schaltung über Doppelkupplung, auch wegegebunden schaltbar, vordere Zapfwelle als Sonderausrüstung
5 Mit automatischer Kraft- und Lageregelung, als Sonderausrüstung externe Hydraulik mit mehreren Anschlüssen

Ursus C-335.

Ursus C-335 mit Frontlader.

URSUS
C-335

Ursus C-355

Der Ursus C-355 bildete auch die Basis für den Traktorbagger KSH-45. Von dieser Maschine befanden sich über 1000 Stück in der DDR.

Fahrzeugart	Radtraktor, Blockbauweise
Hersteller	Zaklady Mechaniczne Ursus
Motorenhersteller	Zaklady Mechaniczne Ursus
Motorenbauart	Vierzylinder-Viertakt-Dieselmotor[1]
Hubraum (ccm)	3120
Leistung (PS/kW / U/min)	55 SAE / 40,5 / 2000
Antrieb	Hinterradantrieb
Getriebe	mechanisches 5-Gang[2]
Fahrgeschwindigk. (km/h)	1,13-25,60
Reifen vorn	6.00-16 bzw. 6.00-16
Reifen hinten	14.9/13-28 bzw.13-28
Spur (mm) vorn	1250, 1350, 1500, 1750
Spur (mm) hinten	1350, 1425, 1500, 1575, 1650, 1725, 1800
Zapfwelle (U/min)	541[3]
Hydraulik	Dreipunkt[4]
L x B x B (mm)	3570 x 1800 x 2050
Masse (kg)	2000

1 Reihe, Wasserkühlung, Direkteinspritzung. Elektrostart
2 Mit zwei Stufen 10 Vorwärts- und 2 Rückwärtsgänge
3 Hinten, motorgebunden, auch wegegebunden, fahrkupplungsabhängig
4 Mit Kraft- und Lageregelung sowie automatischer Tiefenkontrolle

Ursus C-355.

C-355
URSUS

Ursus C-385

Der C-385 war der erste Typ einer Familie schwerer Zugmaschinen, die in einem tschechoslowakisch-polnischen Konstruktionsbüro in Brno entwickelt und in beiden Ländern gebaut wurde.
Unter der Typenbezeichnung C-385 A wurde die Maschine mit zusätzlichem Vorderradantrieb geliefert. Eine weitere Modifikation war die Ausstattung mit einem Hecklader.

Fahrzeugart	Radschlepper, Halbrahmenbauweise
Hersteller	Zakladky Mechaniczne Ursus
1. Baujahr, Bauzeit	1975
Motorenhersteller	ZKL Brno
Motorenbauart	Vierzyl.-Viertakt-Dieselmotor[1]
Motorenbezeichnung	Z 7501
Bohrung x Hub (mm)	110 x 120
Hubraum (ccm)	4562
Leistung (PS/kW / U/min)	80 (85 SAE) / 59 / 2200
Antrieb	Hinterradantrieb
Getriebe	mechanisches Stufengetriebe[2]
Fahrgeschwindigk. (km/h)	1,77-24.67
Reifen vorn	7.50-20 AS Front, auch 7.50-16
Reifen hinten	16.9/14-34 AS, auch 13.6/12-36
Spur (mm) vorn	1350, 1500, 1650, 1800
Spur (mm) hinten	1500 oder 1725
Bremsen	mechanisch / hydraulisch[3]
Zapfwelle, U/min	540 und 1012[4]
Hydraulik	Dreipunktanbausystem[5]
L x B x H (mm)	4150 x 1960 x 2480
Masse (kg)	3847

1 Reihe, Wasserkühlung, Direkteinspritzung, Elektrostart
2 Vier Gänge, zwei Schaltgruppen vorwärts, eine Schaltgruppe rückwärts, mit Drehmomentenwandler
3 Feststellbremse mechanisch über Handhebel mit Sperrklinke, Betriebsbremse als Scheibenbremse hydraulisch, doppeltes Fußpedal für Einzelradbremsung
4 Hinten, motorgebunden, wegegebunden 5,85 U/m, fahrkupplungsunabhängig
5 Zugkraft-, Lage- und Mischreglung, System Zetormatik, innerer und äußerer Kreislauf

Oben: Ursus C-385 A.
Unten: Ursus C-385.
Rechts: Ursus C-385 mit Heckbagger.

URSUS
C-385A
URSUS

Mähbinder WT-5

Vorgestellt werden soll hier ein Mähbinder polnischer Produktion. Darüber hinaus gab es auch weitere Importe von Landmaschinen aus dem Nachbarland.
Die ständige Erhöhung des Bestandes an Mähdreschern in der DDR führte zu einem Rückgang beim Einsatz von Mähbindern.
Da die Fertigungskapazitäten im seinerzeitigen Herstellerwerk Petkus Wutha für den weiteren Ausbau der Produktion von Maschinen und Anlagen der Saatgutaufbereitung benötigt wurden, erfolgte dort die Produktionseinstellung. Zur Abdeckung eines noch bestehenden geringen Bedarfs erfolgte deshalb der Import, eine Maßnahme, die auch im Interesse der Spezialisierung der RGW-Länder lag.
Vom Vorläufertyp WT-3E wurden 1963/64 1500 Maschinen importiert.

Fahrzeugart	Mähbinder
Hersteller	Fabryka Maszyn Rolniczych
Schnittbreite (mm)	2100 (sieben Fuß)
Minim. Stoppelhöhe (mm)	60
Arbeitsgeschw. (km/h)	6
Arbeits- und Transportlänge (mm)	3900
Breite in Arbeitsstellung (mm)	4000
Transportbreite (mm)	3900
Arbeitshöhe (mm)	2750
Masse (kg)	780

Mähbinder WT-5.

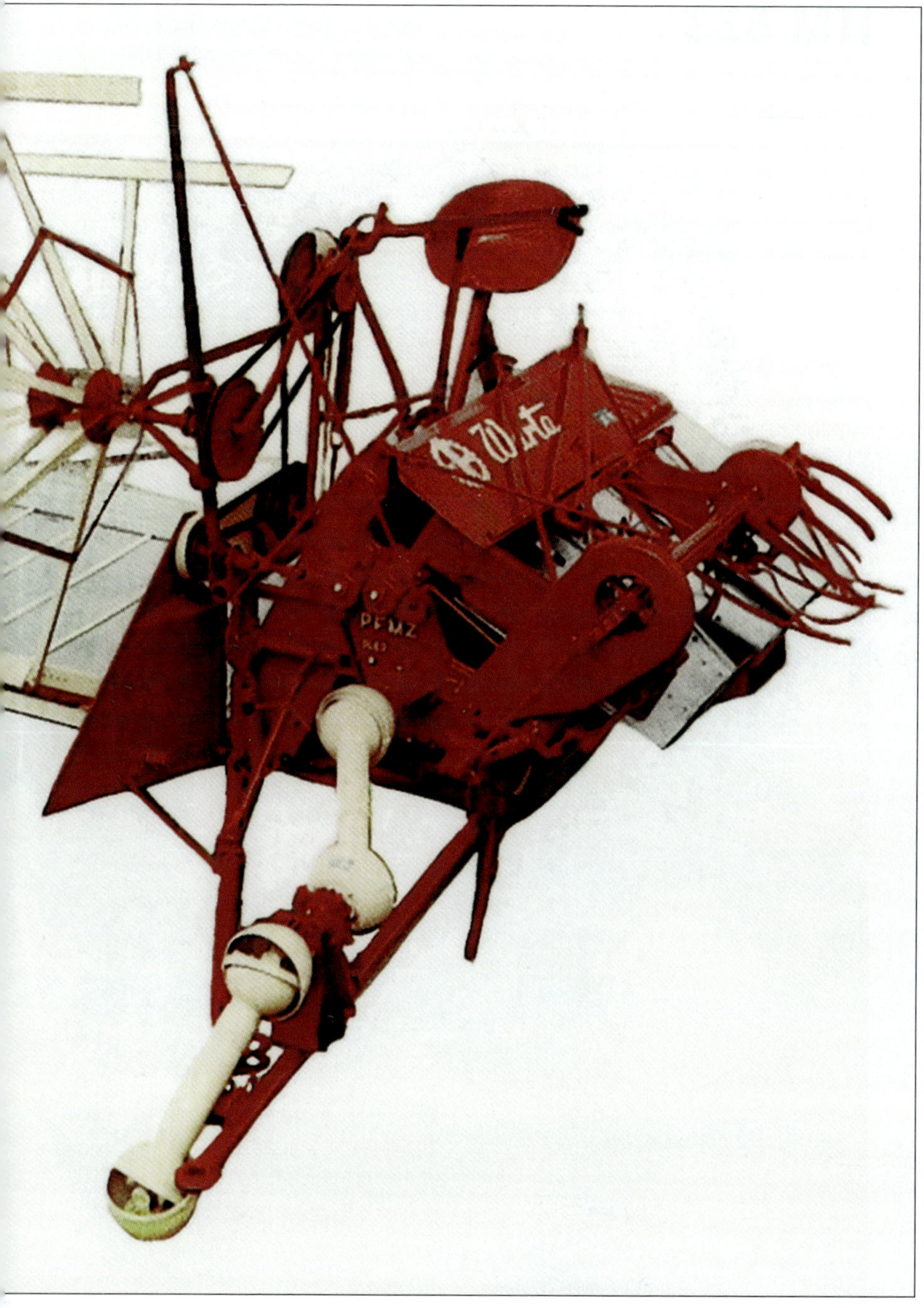
PFMZ

ITM 533

Obwohl die SFRJ, die Sozialistische Föderative Republik Jugoslawien, nicht Mitglied des RGW war (das Land arbeitete ab 1964 auf der Basis eines speziellen Abkommens in einer Reihe von RGW-Organen mit), soll hier ein Traktor, im Wesentlichen wohl auch der Einzige, der von dort kam, mit vorgestellt werden.
Es war der ITM 533. Er erfreute sich seinerzeit einer großen Beliebtheit, die auch heute noch anhält, wie sein Auftreten bei Traktorentreffen immer wieder zeigt. Die gut funktionierende Regelhydraulik und der Anbaupflug prädestinierten ihn für den Einsatz auf kleinen Flächen und auch für die Vorgewendebearbeitung. Die niedrige Schwerpunktslage machte ihn auch für den Hangeinsatz verwendbar. Mit dem über die Hitchkupplung aufzusattelnden Einachsanhänger war er ein sehr mobiles Transportmittel für kleinere Lasten. Das Getriebe war sehr robust und wenig störanfällig.
Als ungünstig wurden die geringe Motorleistung in Verbindung mit einem relativ hohen spezifischen Kraftstoffverbrauch und die fehlende Differentialsperre bewertet.
Grund für die Aussonderung war schließlich der Motor, dessen Instandsetzung durch die heikle (und auch teure) Ersatzteilversorgung zum Problem wurde. Das Motorengehäuse war auf der linken hinteren Seite stark rissanfällig.
Um die Maschine wegen des haltbaren Getriebes weiterhin einsetzen zu können, gab es Überlegungen, den Motor 4 VD 8,8/8.5 SRF

Ein gut restaurierter ITM 533.

(landläufig als »Multikar«-Motor bekannt) durch anzufertigende Adapter an Vorderachse und Getriebe anzupassen. Die Überlegungen wurden aber schon im Frühstadium der Entwicklung abgebrochen.

Der Schlepper wurde aus Zollgründen nicht als komplette Maschine geliefert. Er kam teilmontiert in großen Kisten. Fahrbereit gemacht wurde er dann im seinerzeitigen MTS-Reparaturwerk Erfurt (später Landtechnisches Instandsetzungswerk Erfurt, LIW, Versorgungsbereich mindestens der südliche Bereich der DDR). Um die Kisten per Bahn in das Gelände zu bekommen, wurde eine ehemals bestehende Gleisanbindung wieder aktiviert. Die Holzkisten waren für die »Laubenpieper« ein begehrtes Objekt.

Der ITM 533 war ein Lizenzbau des MF 35 der Firma Massey-Ferguson. Es wurden auch einige Stück eines mit einem Vierzylinder-Motor ausgerüsteten Schleppers importiert. Dafür konnten aber keine Daten mehr gefunden werden.

Für die Instandsetzung und auch im täglichen Gebrauch war hinderlich, dass alle Schraubverbindungen (wie auch Einzelteilmaße) in der Zollabmessung ausgeführt waren. Dazu mussten extra Werkzeuge beschafft werden.

Fahrzeugart	Radtraktor, Blockbauweise
Hersteller	Industrija Traktora i Masina Belgrad
1. Baujahr, Bauzeit	in der DDR ab etwa 1960
Motorenhersteller	ITM
Motorenbauart	Dreizylinder-Viertakt-Dieselmotor[1]
Motorenbezeichnung	Perkins-Diesel P 3
Bohrung x Hub (mm)	88,9 x 127
Hubraum (ccm)	2360
Leistung (PS/kW / U/min)	28/20,6 / 2000
Antrieb	Hinterachsantrieb
Getriebe	mechanisch, 2 Gruppen, 3+1 Gänge
Fahrgeschwindigk. (km/h)	2,17-23,89 / 2,96 und 11,82
Reifen v/h	5.00-16 / 10.00-28
Spur (mm)	1219-2032[2]
Radstand (mm)	1840
Bremsen	mechanische Innenbackenbremse[3]
Riemenscheibe (Ø mm, U/min)	228,6, 1,86 x Z (Z = Zapfwellendrehzahl)
Zapfwelle (U/min)	540[5]
Hydraulik	Dreipunktsystem[6]
L x B x H (mm)	2972 x 1623 x 1372[7]
Masse (kg)	1516

ITM 533 mit Anbaupflug.

1 Reihe, Wasserkühlung, Wirbelkammerverfahren, Elektrostart.
2 Verstellbar in Stufen von etwa 100 mm (48«-80« in Stufen von 4«)
3 Ausgelegt als Feststellbremse, Lenkbremsung durch geteiltes Pedal
4 Sonderausrüstung, von Zapfwelle angetrieben
5 Bei 1500 Kurbelwellenumdrehungen, 53 bis 784 je nach Gang und Drehzahl. Hinten, motorgebunden und getriebegebunden
6 Einfach wirkender, hydraulischer Kraftheber
7 H = Oberkante Lenkrad

D 4 K

Das wesentliche Charakteristikum dieses Schleppers aus der Ungarischen Volksrepublik (UVR) waren seine vier gleich großen Räder. Durch den Allradantrieb vereinigte er die hohe Zugkraft eines Kettenschleppers mit der hohen Umsetzgeschwindigkeit eines Radschleppers. Die günstige Verteilung des Leistungsgewichtes zu 56 % auf die Vorderachse und 44 % auf die Hinterachse garantierte eine hohe Standsicherheit und damit auch eine bestimmte Hangtauglichkeit.

Bei der Prüfung im Institut für Landtechnik in Potsdam-Bornim wurde dem Fahrzeug das Prädikat »für den Einsatz in der Landwirtschaft der DDR geeignet« gegeben.

Als nachteilig bemängelt wurden der hohe Kraftstoffverbrauch, die ungünstige Getriebeabstufung, die dem Traktorensystem entsprechend zu geringe Leistung und unzureichende arbeitshygienische Gestaltung. Da die Maschine ohne Kabine zur Prüfung vorgestellt wurde, wurde eine solche gefordert.

Die im Standardtraktor vorhandene motorgebundene, fahrkupplungsabhängige Zapfwelle war für den Einsatz von zapfwellengetriebenen Anhängegeräten ungünstig. Die Bezeichnung D 4 K-A kam erst später in Umlauf, wahrschein-

lich zur Abgrenzung zum nachfolgenden, stärkeren Bruder.
Aus Gründen der Einsparung von Devisen und auch zur Verbesserung der Rentabilität in der Ersatzteilhaltung kamen anstelle der Originaldüseneinsätze von Pal bzw. Bosch im Bedarfsfalle auch die IFA-Düsen SD 1 ZD 12, SD 1,2 ZD 12 und SD ZD 0 zum Einsatz.

Oben: D 4 K im Einsatz. Hier noch ohne Kabine.

Links: Gut erhaltener D 4 K in seiner letzten Ausführung.

Unten: Innenleben eines D 4 K.

Fahrzeugart	Radtraktor, Blockbauweise
Hersteller	Traktorenwerk »Roter Stern«, Budapest
1. Baujahr, Bauzeit	etwa ab 1960 in der DDR
Motorenhersteller	Motorenwerk Csepel, Budapest
Motorenbauart	Vierzylinder-Viertakt-Dieselmotor[1]
Motorenbezeichnung	DT 414.5
Bohrung x Hub (mm)	112 x 140
Hubraum (ccm)	5517
Leistung (PS/kW / U/min)	65/47,8 / 1650
Antrieb	Allradantrieb
Getriebe	mechanisches Schaltgetriebe[2]
Fahrgeschwindigk. (km/h)	3,66-21,55/ 4,38 und 3,25[3]
Reifen	13-30 AS
Spur (mm)	1550
Radstand (mm)	1845
Bremsen	mechanisch / Druckluft[4]
Riemenscheibe (∅ mm, U/min)	300, 1273[5]
Zapfwelle (U/min)	575[6]
Hydraulik	Dreipunktsystem[7]
L x B x H (mm)	4600 x 1960 x 2260[8]
Masse (kg)	4350

1 Reihe, Wasserkühlung, Vorkammermotor, Elektrostart
2 2 Gruppen mit je 3 Vorwärts- und 1 Rückwärtsgang, Kriechgang als Sonderausrüstung
3 Kriechgang 4,48 und 15,52
4 Mechanische Feststellbremse auf Hinterräder, Druckluftbremse auf Vorderräder, Anhängerbremseinrichtung
5 Sonderausrüstung, Antrieb über Zapfwelle
6 Hinten, fahrkupplungsabhängig, als Sonderausrüstung durch Hilfskupplung unabhängig schaltbar, auch mit seitlichen Abgang
7 Mit einfach wirkendem Zylinder mit Anschluss für einen freien Zylinder
8 H = ohne Kabine

D 4 K-B

Der D 4 K-B war die Weiterentwicklung des D 4 K. Die wesentlichsten Änderungen lagen in einer Steigerung der Motorleistung auf 90 PS, einer Vergrößerung der Bereifung auf 15-30 AS, einer Verbesserung des Getriebes durch den Einbau von vier Kriechgängen und zwei Zapfwellendrehzahlen sowie dem Übergang von der Block- zur Halbrahmenbauweise.

Im Einsatz wurde die Qualität von Zubehörteilen für den Motor bemängelt. Der Kraftstoffverbrauch lag an der oberen Grenze im Vergleich zu ähnlichen Maschinen. Auch die Haltbarkeit und Dauerfestigkeit wurde als nicht ausreichend bewertet. Nachteilig wurde auch der Geräuschpegel in der nach hinten offenen Kabine beurteilt. Der kürzeste Sichtpunkt nach vorn lag 12 m vor der Motorhaube.

Es ist erstaunlich, dass das Institut für Landtechnik Potsdam-Bornim dem Schlepper trotzdem das Prädikat »geeignet für die Landwirtschaft der DDR« verlieh, wenn auch mit dem Hinweis an das DAMW (Deutsches Amt für Material- und Warenprüfung, später ASMW, Amt für Standardisierung, Messwesen und Warenprüfung), dem Schlepper nur das Gütezeichen »2« zu erteilen.

D 4 K-B.

Oben: Das Firmenschild des »unbekannten« Schleppers.

Rechts unten: Nicht näher bestimmt werden konnte dieser ungarische Schlepper, der vom Aufbau her dem D 4 K ähnelt. Es könnte sich um einen UE-50 handeln, auf jeden Fall aber dürfte dieser Typ keine große Verbreitung in der DDR gehabt haben.

Fahrzeugart	Radtraktor, Halbrahmenbauweise
Hersteller	Traktorenwerk »Roter Stern«, Budapest
1. Baujahr, Bauzeit	in der DDR etwa ab Mitte1965
Motorenhersteller	Motorenwerk Csepel, Budapest
Motorenbauart	Sechszylinder-Viertakt-Dieselmotor[1]
Motorenbezeichnung	D 613.15
Bohrung x Hub (mm)	110 x 140
Hubraum (ccm)	7979
Leistung (PS/kW / U/min)	90/66,2 / 1850
Antrieb	Allradantrieb
Getriebe	mechanisches Zweiggruppengetriebe[2]
Fahrgeschwindigk. (km/h)	1,02-25,32
Reifen	15-30 AS
Spur (mm)	1662
Radstand (mm)	1950
Bremsen	mechanisch / Druckluft[3]
Zapfwelle (U/min)	552 und 1002[4]
Hydraulik	Dreipunktsystem[5]
L x B x H (mm)	4950 x 2004 x 2560[6]
Masse (kg)	5033[7]

1 Reihe, Wasserkühlung, Vorkammermotor, Elektrostart
2 Mit je 3 Vorwärts-, 2 Kriech- und 1 Rückwärtsgang
3 Feststellbremse: mechanische Bandbremse auf Vorderräder, Betriebsbremse: Druckluftbremse auf alle vier Räder
4 Hinten, fahrkupplungsabhängig, als Sonderausrüstung Hilfskupplung
5 Einfach wirkend, hydraulische und mechanische Schwimmstellung
6 H = Oberkante Kabine
7 Mit Ballast bis 6630

Erbsendreschmaschine VNBC

Fahrzeugart	Erbsendreschmaschine
Leistung des Einbaumotors (PS/kW)	75/55
Motorenbezeichnung	SZMD 15 K
Flächenleistung (ha/h)	0,2 bis 0,4
Durchsatz (t/h)	0,8 bis 1,5
Arbeitsgeschw. (km/h)	0,7 bis 0,8
Länge (mm)	11330
Arbeitsbreite (mm)	4560
Transportbreite (mm)	3210
Höhe (mm)	3700
Masse (kg)	8750

Die Erbsendreschmaschine VNBC war eine gezogene Landmaschine mit einem zusätzlichen Einbaumotor für den Antrieb der für die Funktion der Maschine erforderlichen Aggregate.
Die im Schwad liegenden grünen Erbsen wurden während der Fahrt aufgenommen und den Dreschorganen zugeleitet. Die Schwadaufnahmetrommel wurde hydraulisch angetrieben und war stufenlos regelbar.
Durch das Anschlagen der Hülsen an die Dreschtrommel wurden diese geöffnet und fielen durch den Dreschkorb auf ein Reinigungsband. Das ausgedroschene Erbsenkraut fiel entweder auf das Feld oder konnte durch ein Förderband auf einen nebenherfahrenden Anhänger zu Futterzwecken gesammelt werden.
Eine Beleuchtungseinrichtung ließ Nachtarbeit zu. Als Zugmittel wurde ein Traktor mit einer Leistung von mindestens 33 bis 37 kW benötigt.

Erbsendreschmaschine VNBC.

Utos-45 E

Heimat der aus der Sozialistischen Republik Rumänien (SRR, Republica Populara Romina) stammenden UTB-Traktoren ist die Stadt Brasow, früher Kronstadt, in Siebenbürgen. In der 1925 gegründeten Fabrik wurden zunächst Flugzeuge gebaut, darunter auch Flugzeuge von Messerschmidt. Erst 1946 begann die Produktion von Traktoren mit dem Typ IAR 22 nach einer sowjetischen Lizenz. Die Betriebsausrüstung wurde von der SU zur Verfügung gestellt. Im Jahr 1976 wurde der 500.000. Traktor ausgeliefert.
Neben den nachstehend aufgeführten Traktoren wurden von der DDR auch die Spezialtraktoren der Baureihe 445 (z. B. 445-SV und U-452 HC) importiert. Ihr Einsatz war aber eher selten. Einer Pressemitteilung zufolge wurde Mitte der 70er Jahre in Craiova im Landmaschinenbetrieb »7. November« die Serienfertigung von Rad- und Kettentraktoren für den Einsatz in der Land- und Forstwirtschaft, im Wein- und Gemüsebau, im Bau- und Verkehrswesen und Meliorationswesen aufgenommen. In dieser Mitteilung wird auch Codlea als weiteres Bauzentrum für Traktoren genannt. Vom Utos-45 E wurden 4100 Exemplare importiert.

Fahrzeugart	Radtraktor, Halbrahmenbauweise
Hersteller	Traktorenwerk Brasow
1. Baujahr, Bauzeit	in die DDR importiert bis 1963
Motorenbauart	Vierzylinder-Viertakt-Dieselmotor[1]
Motorenbezeichnung	D-102, auch D-36 M
Bohrung x Hub (mm)	105 x 130
Hubraum (ccm)	4500
Leistung (PS/kW / U/min)	45/33 / 1500
Antrieb	Hinterachsantrieb
Getriebe	Zweigruppengetriebe[2]
Fahrgeschwindigk. (km/h)	2,83-22,40 / 2,80 und 4,63[3]
Reifen v/h	6.00-16 / 12-38
Spur	1200-2090[4]
Radstand (mm)	2470
Bremsen	Innenbackenbremse[5]
Riemenscheibe	Zusatzausrüstung über Sondergetriebe
Zapfwelle (U/min)	549[6]
Hydraulik	Dreipunktsystem[7]
L x B x H (mm)	4090 x 2440 x 2445[8]
Masse (kg)	3310

1 Reihe, Wasserkühlung, Wirbelkammerverfahren, Elektrostart
2 5 Gänge vorwärts, 1 Gang rückwärts, zus. Kriechgang möglich
3 Kriechgänge 1,47 und 2,41
4 Durch Lösen von Klemmbacken konnten die Hinterräder durch Verschieben der Radflansche stufenlos zwischen 1200 und 1320 mm, nach Umwenden der Radfelgen bis auf 1480 mm und nach Wenden der Radkörper bis auf 2090 mm Spurweite eingestellt werden. Die Verstellung der Vorderräder erfolgte zwischen 1200 und 1500 mm in Stufen von je 100 mm. Durch ein zusätzliches Versteifungsrohr konnten 1800 mm erreicht werden.
5 Betriebsbremse als Innenbackenbremse, durch Doppelpedal als Lenkbremse nutzbar, durch Sperrpedal auch gleichzeitig Feststellbremse
6 Hinten, Zusatzausrüstung, fahrkupplungsunabhängig doppelt wirkend, Zusatzausrüstung
8 H = Oberkante Auspuff

Utos-45 E

U-300 und Modifikationen

Der U-300 war die Basiskonstruktion für die Typen U-300 IF und U-302 DTCE IF. Der U-300 konnte für alle landwirtschaftlichen Arbeiten, die seinem Leistungsangebot entsprachen, eingesetzt werden, wie z. B. Pflegearbeiten auf Wiesen und Weiden sowie im Gemüse- und Obstbau. Mit seinen Modifikationen stellte er einen Ersatz für den überalterten und zum Teil auch materialmäßig verschlissenen RS 09 / GT 124 dar.
Die Ausrüstung mit Frontlader erhielt die Bezeichnung U-300 IF. In dieser Ausführung hatte die Maschine statt des Rückwärtsgangs ein Wendegetriebe. Bei der Spurweite von 1200 mm und einer Gesamtbreite von 1600 mm eignete er sich auch gut für den Einsatz in Stallanlagen. Mit den entsprechenden Geräten konnten solche Operationen wie Fütterung, Entmistung und Reinigung durchgeführt werden.
Die Weiterentwicklung des U-300 IF war der U-302 DTCE IF. Sie beruhte zu nicht geringem Maße auf Forderungen der DDR, weil bestimmte ergonomische Werte nicht den Standards der DDR genügten und eine Verlängerung der erteilten Ausnahmegenehmigung nicht erfolgt wäre. Die Motorleistung lag jetzt bei 22 kW. Das Wendegetriebe ermöglichte eine höhere Rückwärtsgeschwindigkeit, deren Endwert bei rund 30 km/h lag. Über einen abschaltbaren Nebenantrieb konnte auch die Vorderachse angetrieben werden. Die vier gleich großen Räder waren Breitreifen der Dimension 9.00/70-16 AS 8 PR. Die Kabine war heiz- und belüftbar und mit einem Sicherheitsrahmen ausgerüstet. Eine hydrostatische Lenkung erleichterte die Bedienung. Die über den Kraftheber betätigte Hubkupplung für einachsige Anhänger konnte durch eine Konsole für eine Anhängerkupplung ergänzt werden.

Fahrzeugart	Radtraktor, Blockbauweise
Hersteller	Traktorenwerk Brasow UTB
Motorenhersteller	UTB
Motorenbauart	Zweizylinder-Viertakt-Dieselmotor[1]
Motorenbezeichnung	D 111.001
Bohrung x Hub (mm)	95 x 110
Hubraum (ccm)	1560
Leistung (PS/kW / U/min)	26/19 / 2400
Antrieb	Hinterradantrieb
Getriebe	mechanisches Zweistufengetriebe, 3 + 1 Gänge
Fahrgeschwindigk. (km/h)	2,20-22,70 / 2,60-26,6
Reifen v/h	6.00-16 ASF / 11.2-28 AS
Spur v/h (mm)	1300 / 1200-1900
Radstand (mm)	1950
Bremsen, Feststell-	Scheibenbremse[2]
Bremsen, Betriebs-	trockene Bandbremse[3]
Zapfwelle (U/min)	540[4]
Hydraulik	Dreipunktanbausystem[5]
L x B x H (mm)	3110 x 1575 x 2420[6]
Masse (kg)	1960

1 Reihe, Wasserkühlung, Direkteinspritzung, Elektrostart
2 Betätigt über Handhebel
3 Doppelfußhebel für Einzelradbremsung mit Druckluft-Speicher-Anlage für Anhänger
4 Hinten, fahrkupplungsunabhängig, auch wegegebunden
5 Kraft- und Lageregelung mit Außenkreislauf
6 H = Oberkante Auspuff

U-302 DTCE IF.

U-650 / U-651

Mit dem Drehmomentwandler wurde die Geschwindigkeit des jeweiligen Ganges um 33% herabgesetzt und die Zugkraft um 54% erhöht. Die Maschinen hatten hydraulische Servolenkung.

Ab 1973 erfolgte der Import der modifizierten U-650 M / U-651 M.

Der Motor erhielt die Bezeichnung D-110, war aber komplett austauschbar. Detailveränderungen waren u. a. der Einbau einer Einspritzpumpe von Bosch, die aber einen anderen Antrieb erforderte. Die angetriebene Vorderachse beim U-651 M war eine Lizenzfertigung nach Fiat. Außerdem kam ein zusätzliches Kriechganggetriebe zum Einsatz, das die Fahrgeschwindigkeiten 1,25 und 1,89 km/h ermöglichte.

Mit den Bezeichnungen S-650 und SL S-651 G gebaute Kettentraktoren kamen bekanntermaßen nicht in der Landwirtschaft der DDR zum Einsatz, wohl aber im Bau- und Baunebengewerbe.

Als Substitutionsvariante für die Originaleinspritzpumpen kam auch eine entsprechend eingestellte IFA-Einspritzpumpe (Grundlage EP ZT 300) zum Einsatz.

Links: Detailbild eines U-651 mit dem Nebengetriebe für den Vorderachsantrieb.
Unten: U-650 mit eng gestellten Vorderrädern.

Fahrzeugart	Radtraktor, Halbrahmenbauweise
Hersteller	Traktorenwerk Brasow
1. Baujahr, Bauzeit	etwa 1964, ab 1965 DDR-Importe
Motorenhersteller	Tractorul-Werk Brasow
Motorenbauart	Vierzylinder-Viertakt-Dieselmotor[1]
Motorenbezeichnung	D-103
Bohrung x Hub (mm)	108 x 130
Hubraum (ccm)	4760
Leistung (PS/kW / U/min)	65/47,8 / 1800
Antrieb	Hinterrad[2]
Getriebe	mechanisches 5-Gang[3]
Fahrgeschwindigk. (km/h)	2,58-26,94 / 3,21 und 4,77
Reifen vorn	6.50-20[4]
Reifen hinten	14.00-38 oder 12.00-38
Spur (mm) vorn	1200-1800 in 100-mm-Stufen
Reifen hinten	1230-2340 stufenlos
Bremsen	mechanisch[5]
Riemenscheibe (U/min)	736 und 1036[6]
Zapfwelle (U/min)	536[7]
Hydraulik	Dreipunktanbausystem[8]
L x B x H (mm)	4230 x 2050 x 2050[9]
Masse (kg)	3500 / 3705

[1] Reihe, Wasserkühlung, Direkteinsspritzung, Elektrostart
[2] U-651 zus. Vorderradantrieb
[3] Mit einem Rückwärtsgang und mit Drehmomentverstärker
[4] Bei Breitspurachse, bei Schmalspurachse 6.00-16 und bei zus. Vorderradantrieb 7.50-20
[5] Fußbremse mit Sperrvorrichtung, Einzelradbremsung möglich
[6] Sonderzubehör
[7] Hinten, motorgebunden, fahrkupplungsunabhängig, getriebegebunden 161-534
[8] Doppeltwirkend, zwei freie Anschlüsse
[9] H = Oberkante Lenkrad

Oben: U-650 mit Riemenscheibenantrieb.
Unten: U-650 mit normaler Vorderachse. Man beachte den unästhetisch wirkenden Fahrerschutz.

U-550

Entsprechend den Arbeitsschutzbestimmungen der DDR durften die Maschinen nur noch mit einer sturzsicheren Kabine bzw. einem sturzsichern Fangrahmen importiert werden.
Modifikationen des U-550 waren der U-550 DT mit zusätzlichen Vorderachsantrieb, U-550 IF, ausgeführt für den Anbau eines Frontladers, und U-550 Super.
Der U-550 DT hatte ein verändertes Getriebe. Durch den Einbau von zwei Planetenzusatzgetrieben ergaben sich 12 Vorwärts- und 3 Rückwärtsgänge mit einem Geschwindigkeitsbereich von 0,93 bis 29,60 km/h vorwärts und 1,35 bis 15,12 rückwärts.
Beim U-550 IF kamen verstärkte Hinterachstrichter zur Anwendung. Die Anwendung der geringstmöglichen Spurweite von 1300 mm beim U-550 Super ermöglichte seinen Einsatz auf den genormten Kotrinnen mit 1800 mm Breite.

Unten: U-550. Rechts: U-550 DT.

Fahrzeugart	Radtraktor, Blockbauweise
Hersteller	Traktorenwerk Brasow
1. Baujahr, Bauzeit	ab etwa 1970
Motorenhersteller	UTB Brasow
Motorenbauart	Vierzylinder-Viertakt-Dieselmotor[1]
Motorenbezeichnung	D-121
Bohrung x Hub (mm)	95 x 100
Hubraum (ccm)	3120
Leistung (PS/kW / U/min)	55/40 / 2400
Antrieb	Hinterradantrieb
Getriebe	mechanisches Stufengetriebe[2]
Fahrgeschwindigk. (km/h)	2,89-29,64
Reifen v/h	6.00-16 / 14,9/13-28 AS
Spur v/h (mm)	Normalspur 1440 / 1440[3]
Radstand (mm)	2000
Bremsen, Feststell-	Handhebel[4]
Betriebs-	trockene Bandbremsen[5]
Riemenscheibe	Anbau möglich
Zapfwelle (U/min)	**659, mit Zusatz 1243[6]**
Hydraulik	Dreipunktanbausystem[7]
L x B x H (mm)	3520 x 1820 x 2270[8]
Masse (kg)	2315

1 Reihe, WK Direkteinspritzung, Elektrostart
2 2 Gruppen mit 4 Vorwärts- und 1 Rückwärtsgang
3 Verstellbar in Stufen von 100 mm zwischen 1320 und 2015
4 Mit Rastsegment, auf Getriebe wirkend
5 Einzelradbremsung durch doppeltes Fußpedal
6 Motorgebunden, fahrkupplungsunabhängig; wegegebunden 3,24 U/m
7 Mit einseitig wirkendem hydraulischen Kraftheber, Regelsystem zur automatischen Zug- und Lageregelung, Möglichkeit des Anschlusses externer Geräte
8 H = Oberkante Kabine

U-550 IF mit Frontlader.

TIH-445

Der TIH-445 war ein selbstfahrendes Hebezeug mit hydraulischer Arbeitsweise. Im Zuge der Fertigung von Baugruppen für den Rodelader KS-6 im VEB »Rotes Banner«, Döbeln, wurde die Produktion des dort gefertigten Mobilkranes T 159 (siehe Typenkompass »DDR-Traktoren und Landmaschinen«) eingestellt. Im Rahmen der RGW-Vereinbarungen wurde die Fertigung nach Rumänien verlagert. Das Kranteil des T 159 wurde dabei unverändert übernommen. Als Arbeitsgeräte standen 14 verschiedene Werkzeuge zur Verfügung.
Die Zuverlässigkeit und Verfügbarkeit wurde durch eine Reihe von Konstruktions- und Fertigungsmängeln beeinträchtigt. Kritisch waren auch die Sichtverhältnisse nach vorn und die hohen Bedienkräfte.
Durch die Ausrüstung des TIH-445 mit einer Zweikreishydraulik änderte sich die Bezeichnung in TIH-445 DH. Der erste Kreislauf diente der Betätigung der Arbeitszylinder, des Hauptauslegers, des Knicklenkers, des rechten Abstützauslegers und des Arbeitsgerätes. Der zweite Kreislauf wurde zur Betätigung des Drehwerkes, des Drehkopfes und des linken Abstützauslegers eingesetzt.
Zur Einsparung von Dieseltreibstoff im stationären Betrieb wurde im TIH-455 DHE ein zusätzlicher Drehstrom-Asynchronmotor mit einer Leistung von 15 kW eingebaut.
Über den Einsatz des stärkeren TIH 552 DTCSD in der DDR ist definitiv nichts bekannt. Vom TIH-445 und Modifikationen wurden 8360 Stück importiert.

Fahrzeugart	selbstfahrende Arbeitsmaschine
Hersteller	Landmaschinenfabrik »7. November«, Craiova
1. Baujahr, Bauzeit	in der DDR ab1976
Motorenbauart	Dreizyl.-Viertakt-Dieselmotor[1]
Motorenbezeichnung	D-115
Bohrung x Hub (mm)	95 x 110
Hubraum (ccm)	2340
Leistung (PS/kW / U/min)	45/33,1 / 2400
Antrieb	Hinterradantrieb
Getriebe	mechanisch[2]
Fahrgeschwindigk. (km/h)	2.05-21,05 / 3.02- 10.90
Reifen	v+h 12,5/11-20 AM
Spur v/h (mm)	1855 / 1890
Radstand (mm)	2250
Auslegerdrehwinkel	225°
Max. Hub mit Lasthaken (mm)	5630
Max. Grabtiefe (mm)	3080
L x B x H (mm)	5400 x 2250 x 2700[3]
Masse (kg/)	4820, Lasthakenausrüstung

[1] Reihe, Wasserkühlung
[2] Getriebe in Gruppenschaltung, 6 Vorwärts- und 2 Rückwärtsgänge
[3] H = Oberkante Kabine, Transporthöhe Ausleger 4000

Mobiles Ladegerät TIH-445.

Etwas über Bulgarien

Über den Einsatz von Traktoren und Landmaschinen aus der Volksrepublik Bulgarien in der DDR wurde mit Absicht keine Aufstellung erarbeitet, da zurzeit nur ungenügend verwertbares Material vorliegt. Bei Traktoren sind solche Bezeichnungen wie Kettentraktor »Bolgar TL-45«, »Bolgar TK-80«, Kettentraktor »TL-30 A«, »Bolgar 2244«, »Bolgar TL-54 B« und »Murgasch » bekannt. »Murgasch« war eine Baureihe allradangetriebener traktorähnlicher Arbeitsfahrzeuge mit Dieselmotoren mit Leistungen von 8,8, 17,3 und 32,0 kW.

SAE-, DIN- und TGL-PS

SAE ist die Abkürzung für »Society of Automitive Engeneers«. SAE-PS ist die in den angelsächsischen Ländern nach amerikanischem Vorbild übliche Einheit für die Angabe der Motorleistung. Sie wird am Wellenstumpf des »nackten« Motors gemessen, wobei unberücksichtigt bleibt, dass ein Teil dieser Leistung nicht nutzbar ist, weil sie vom Motor sozusagen für den eigenen Betrieb aufgebracht werden muss. Ein Motor beispielsweise, der 50 SAE-PS leistet, muss von diesen 50 zirka 5 PS abzweigen für den Betrieb notwendiger Nebenaggregate wie Lichtmaschine oder Kühlwasserpumpe. (Auch Luftfilter und Auspuffanlage »schlucken« einen Teil der Leistung.) Damit erscheinen gegenüber der Messung nach DIN (oder auch nach den in der DDR üblichen TGL) höhere Werte, denn diese messen sozusagen die »echte« Leistung an der Schwungscheibe (Kraftabgabeseite), die in unserem Beispiel eben nur zirka 45 DIN-PS beträgt.
Es gibt Annährungswerte für eine Umrechnung von SAE- in DIN-PS, die aber an eine große Schwankungsbreite gebunden sind (10 bis 20 %) und keine einheitlichen Kriterien haben. Auch zwischen DIN- und TGL-PS gibt es Unterschiede, die aber vernachlässigbar klein sind. Warum Polen die SAE-PS-Angabe angewandt hat und auch weiter anwendet, ist nicht bekannt und vom Autor auch nicht weiter recherchiert worden.
TGL (Technische Güte- und Lieferbedingungen) war nach der Abspaltung von den DIN-Normen die in der DDR gültige Normgrundlage. Viele DIN-Normen fanden sich aber in wesentlichen Bestandteilen auch in den TGL wieder und waren dort noch lange Zeit gültig. Im Verlauf der Geschichte des RGW fand jedoch eine immer größer werdende Anbindung an die sowjetische GOST-Norm statt.

Der TIH-445 DHE mit zusätzlichem Elektromotor.

Nennzugkraft, Nennzugleistung

Für die Zusammenarbeit der Länder im RGW auf dem Gebiet des Traktorenbaus wurde zur Koordinierung der Entwicklungs- und Produktionsaufgaben eine Abgrenzung nach Traktorenklassen notwendig. Die ehemals übliche Einteilung nach Motorleistungsklassen spiegelte aber das noch von anderen Faktoren abhängige Leistungsvermögen eines Traktors nur ungenügend wider, weshalb ein anderes Bewertungssystem zugrunde gelegt wurde.

Als Nennzugkraft Fzn eines Traktorenmodells wird die Kraft bezeichnet, die der Traktor unter bestimmten Bedingungen (Bodenart, Schlupf, Geschwindigkeit) am Zughaken entwickelt. Diese Bedingungen sind in der »Einleitung zum Traktorensystem des RGW« detailliert definiert. Unter anderen heißt es darin in geschraubtem Erklärungsdeutsch: »Die Zugkraft Fz ist diejenige Komponente der zwischen gezogenem Arbeitsmittel und Zugmittel wirkenden Gesamtzugkraft, deren Wirkungsrichtung mit der Fortbewegungsrichtung des Zugmittels übereinstimmt«. Von weiteren Erläuterungen wird hier abgesehen.

Für die DDR galt die TGL 33-50002. Die Methodik zur Ermittlung war kein Allheilmittel, da mögliche Einflussgrößen immer in irgendeiner Form außen vor blieben. Die Einheiten, in denen diese Kraft gemessen wurde, waren kN = Kilo-Newton und Mp = Mega-Pond.

Schreibweise MTS / MTZ

Die unterschiedliche Schreibweise ist entstanden durch die andersartige Zuordnung von Lautwerten zu Buchstaben im kyrillischen Alphabet in den deutsch- bzw. angelsächsischen Sprachräumen.

Im kyrillischen Alphabet gibt es Schriftzeichen, die denen im deutschen/angelsächsischen Sprachraum verwendeten Schriftzeichen aus dem lateinischen Alphabet in Form und Aussprache gleichen (z. B. M, T). Daneben gibt es solche, die in der gleichen Form wohl auch im vorgenannten Sprachraum vorkommen, aber anders ausgesprochen werden (z.B. kyrillisch B = lateinisch W, kyrillisch H = lateinisch N) und Schriftzeichen, die nur im kyrillischen Sprachraum heimisch sind (z.B. Ш = sch, Щ= schtsch). Die russische Schreibweise des Minsker Traktorenwerkes ist:

Минский Тракторный Завод (МТЗ)

(Minskii Traktornii Sawod / Zawod)

Die ersten Buchstaben der ersten beiden Wörter sind von Schrift und Aussprache her ohne weiteres übertragbar. Fremdartig dagegen ist der Anfangsbuchstabe »З« des dritten Wortes. Es ist der 9. Buchstabe im russischen Alphabet.

Im deutschsprachigen Raum wurde (und wird auch noch) »З« wie »s« (in »sausen«) ausgesprochen, die entsprechende Abkürzung lautete also MTS. Die stärkere Exportorientierung der SU auch in Länder des angelsächsischen Sprachraumes (einschließlich der Länder, die diese Sprache im Sprachgebrauch haben) führte dazu, dass die dort üblichen Lautwerte für kyrillische Schriftzeichen zur Anwendung kamen. (Vom Fakt her eigentlich Anwendung der Reglungen der IPA (International Phonetic Association.) Damit wurde »З« zu »z«, die Kurzform für das Minsker Traktorenwerk lautete also in den angelsächsischen Sprachräumen MTZ. Von diesen beiden zunächst gleichrangig erscheinenden Schreibweisen MTZ und MTS hat sich international dann MTZ durchgesetzt. In diesem (deutschsprachigen) Buch wurde dennoch der Schreibweise MTS der Vorzug gegeben.

Rat für gegenseitige Wirtschaftshilfe (RGW)

СОВЕТ ЭКОНОМИЧЕСКОЙ ВЗАИМОПОМОЩИ (СЭВ)
(sowjet ekonomitscheskoj wsaimopomoschtschi)
Council for Mutual Economic Assistance (CMEA)
Allgemein auch unter »Comecon« bekannt.

Zwischenstaatliche Organisation der ehemaligen sozialistischen Länder zur Koordinierung ihrer gesamten mehrseitigen Wirtschaftszusammenarbeit und zur gemeinsamen Festlegung der generellen Ziele und Richtungen dieser Zusammenarbeit.

Der RGW wurde im Januar 1949 in Moskau gegründet. Erste Mitgliedsstaaten waren Bulgarien, Polen, Rumänien, Tschechoslowakei, Sowjetunion und Ungarn. Später auch Albanien, das aber 1961 seine Mitarbeit einstellte. Die DDR wurde im September 1950 aufgenommen. 1962 wurde die Mongolische Volksrepublik Mitglied, 1972 Kuba und 1978 die Sozialistische Republik Vietnam. Jugoslawien arbeitete ab 1964 auf der Basis eines speziellen Abkommens in einer Reihe von RGW-Gremien mit. Enge Kontakte bestanden ferner zur Volksdemokratischen Republik Jemen, der Koreanischen Demokratischen Republik, der Volksdemokratischen Republik Laos, der Volksrepublik Angola, der Volksrepublik Mocambique, dem Sozialistischen Äthiopien und der Demokratischen Republik Afghanistan.
Die Mitgliedschaft der DDR endete 1990. Der RGW wurde 1991 aufgelöst.
Die verstärkte Zusammenarbeit der sozialistischen Länder auf dem Gebiet der Landwirtschaft begann 1956. In diesem Jahr wurde die ständige Kommission Landwirtschaft gebildet und bei ihr die ständige Arbeitsgruppe Mechanisierung. Vergleichsprüfungen von Maschinen gehörten neben der Erarbeitung von internationalen Maschinensystemen zu den Aktivitäten mit dem Ziel, die agrotechnischen Forderungen an die Landmaschinen zu vereinheitlichen.

Quellenangaben

Zeitschriften / Zeitungen

- Landtechnische Informationen der VVB Landmaschinen- und Traktorenbau der DDR (Titel hat sich mehrmals geringfügig geändert)
- Deutsche Agrartechnik (ab 1/73 agrartechnik)
- Jugend und Technik
- technikus
- Presse der Sowjetunion
- Kraftverkehr
- Kraftfahrzeugtechnik
- Die Technik
- Wissen und Leben
- Deutsche Landwirtschaft
- Feldwirtschaft
- Das Last-Auto (Archiv W. Gebhardt)
- Das Nutzfahrzeug (Archiv W. Gebhardt)
- Die Landmaschine (Archiv W. Gebhardt)
- Schlepperpost
- Technik in der Landwirtschaft (mit Archiv des Landmaschinenwesens)
- Tractoro-Export
- Bauernzeitung
- Thüringer Volk
- Tägliche Rundschau

Buchtitel

- Schlepperkatalog 2002
- Ökonomisches Lexikon
- Blumenthal, Technisches Handbuch Traktoren (in Auflagen)
- Firmengeschichte des Minsker Traktorenwerkes (russ.)
- Firmengeschichte des Werkes Tscheljabinsk (russ.)
- Große Sowjetische Enzyklopädie (russ.)
- Lehrbuch der Landtechnik (in Auflagen)
- Holzapfel, Landtechnik heute und morgen
- Bischof, Traktoren in der DDR
- Bischof, in »Jahrbuch Traktoren 2001«
- Robinson/Meyer, Crawler Tractor Scrapbook, Part Four (engl.)
- Fachkunde für Landmaschinen- und Traktorenschlosser
- Kisseljew, Leistungsreserven im Maschinen- und Traktorenpark
- Portnow, Der selbstfahrende Mähdrescher S-4
- Lexikon RGW
- Lexikon Land - Forst - Garten, 1960
- Brockhaus, ABC der Landwirtschaft
- Grundausbildung Landtechnik, Traktorenkunde
- Landtechnische Grundausbildung
- Maschinen und Geräte für den Pflanzenbau

Noch mehr Daten und Fakten

Christian Suhr
DDR-Lastwagen 1945–1990
Inzwischen im Straßenverkehr eher rar geworden, war es an der Zeit, einen Typenkompass über Framo, Phänomen und Multicar zu schreiben.
128 Seiten, 115 Bilder, davon 36 in Farbe
Bestell-Nr. 02535

Michael Steinke
VW-Busse und Transporter Band 2: seit 1980
128 Seiten, 171 Bilder, davon 106 in Farbe
Bestell-Nr. 02458

Matthias Meiburg
Hanomag Rad-+Kettenschlepper
128 Seiten, 115 Bilder, davon 66 in Farbe
Bestell-Nr. 02340

Hummel/Oertle
Deutz-Traktoren 1927–1981
112 Seiten, 101 Bilder, davon 94 in Farbe
Bestell-Nr. 02385

Peter Schneider
Unimog Band 1
128 Seiten, 101 Bilder, davon 35 in Farbe
Bestell-Nr. 02155

Horst Hintersdorf
DDR-Traktoren- und Landmaschinen 1945–1990
Nicht nur DDR-Traktoren, sondern auch die Landmaschinen und Geräteträger aus den sozialistischen »Bruderländern«.
136 Seiten, 128 Bilder, davon 41 in Farbe
Bestell-Nr. 02569

Peter Schneider
Mercedes-Benz Omnibusse 1945–1982
128 Seiten, 153 Bilder, davon 112 in Farbe
Bestell-Nr. 02485

Peter Schneider
John Deere Traktoren
128 Seiten, 110 Bilder, davon 92 in Farbe
Bestell-Nr. 02021

Hummel/Oertle
Deutz-Traktoren seit 1978
112 Seiten, 100 Bilder, davon 99 in Farbe
Bestell-Nr. 02486

Peter Schneider
Unimog Band 2
128 Seiten, 108 Bilder, davon 107 in Farbe
Bestell-Nr. 02190

Peter Schneider
Fendt – Band 2 Schlepper und Traktoren seit 1975
Die Marken- und Modellgeschichte seit 1975 – mit Daten, Fakten und vielen Bildern in einer überarbeiteten und aktualisierten Neuausgabe.
144 Seiten, 120 Farbbilder
Bestell-Nr. 02594

Peter Schneider
Fendt – Band 1 Schlepper und Traktoren bis 1975
128 Seiten, 91 Bilder, davon 70 in Farbe
Bestell-Nr. 02051

Udo Paulitz
Magirus-Deutz Feuerwehr-Eckhauber
128 Seiten, 117 Bilder, davon 98 in Farbe
Bestell-Nr. 02107

Udo Paulitz
Mercedes-Benz Feuerwehren L 3500/L 311
128 Seiten, 121 Bilder, davon 90 in Farbe
Bestell-Nr. 02299

Wolfgang H. Gebhardt
Faun Lastwagen 1916–1988
Der Autor nimmt sich in diesem Band der traditionsreichen Firma Faun aus Ansbach an und präsentiert eine einzigartige Zusammenschau.
128 Seiten, 149 Bilder, davon 6 in Farbe
Bestell-Nr. 02685

Alexander Oertle
McCormick/IHC Traktoren von 1937–1975
112 Seiten, 107 Bilder, davon 89 in Farbe
Bestell-Nr. 02532

Peter Schneider
Drögmöller-Omnibusse 1931–2001
128 Seiten, 116 Bilder, davon 89 in Farbe
Bestell-Nr. 02434

Peter Schneider
Lanz Bulldog 1921–1960
Traktoren aus Mannheim.
126 Seiten, 104 Bilder
Bestell-Nr. 01980

Unsere erfolgreiche Reihe »Typenkompass« wird laufend erweitert und kostet pro Band € 9,95

Stand Juni 2006
Änderungen in Preis und Lieferfähigkeit vorbehalten

IHR VERLAG FÜR AUTO-BÜCHER

Postfach 10 37 43 · 70032 Stuttgart
Telefon (0711) 2108065 · Telefax (0711) 2108070
www.paul-pietsch-verlage.de

Motor buch Verlag